Cornelia Topf

Durchsetzungsfähigkeit
für freche Frauen

Cornelia Topf

Durchsetzungsfähigkeit für freche Frauen

Charmant, souverän und vor allem überzeugend

REDLINE | VERLAG

Bibliografische Information der Deutschen Nationalbibliothek
Die Deutsche Nationalbibliothek verzeichnet diese Publikation in der Deutschen National-
bibliografie. Detaillierte bibliografische Daten sind im Internet über http://dnb.d-nb.de
abrufbar.

ISBN 978-3-86881-048-6

2., aktualisierte Auflage 2010

© 2010 by Redline Verlag, Finanzbuch Verlag GmbH, München
www.redline-verlag.de

Redaktion: Bärbel Knill, Landsberg am Lech
Lektorat: Monika Schuch, Rosenheim
Umschlaggestaltung: Weiss Werkstatt München
Umschlagabbildung: © plainpicture/beyond
Satz: Jürgen Echter, Landsberg am Lech
Druck: Konrad Triltsch GmbH, Ochsenfurt

Inhaltsverzeichnis

Anmerkung

Um das Arbeiten mit diesem Buch für Sie möglichst einfach und effizient zu gestalten, haben wir wichtige Textpassagen mit folgenden Icons gekennzeichnet:

 Achtung, wichtig

 Aufgabe, Übung

 Das sollten Sie auf jeden Fall vermeiden.

 Beispiel

 Tipp

Vorwort vom schwachen Geschlecht

Einige meiner Freundinnen warten noch darauf, dass ihre Wünsche wahr werden. Ich wollte nicht länger warten. Ich habe das dann selber in die Hand genommen.
Verena, 34, Büroangestellte

Gibt Ihnen das Leben, was Sie sich wünschen?

Was wünschen Sie sich denn? Mehr Gehalt, eine bessere Figur, einen anderen Job? Mehr Anerkennung von Chef und Kollegen? Etwas mehr Verständnis vom Liebsten? Folgsamere Kinder oder Kunden? Besseres Aussehen, bessere Aufstiegschancen, mehr Verantwortung im Job? Oder am liebsten mehr Zeit für sich selber, für Ihre Wünsche und Träume? Wenn Sie möchten, kritzeln Sie Ihre aktuellen Wünsche hier einfach mal an den Seitenrand.

Schon allein der Gedanke an Ihre Wünsche löst ein seltsames Gefühl aus, nicht wahr? Freuen Sie sich bei diesem Gedanken? Oder fühlen Sie sich eher traurig – nach dem Motto: »Ach ja, schön wär's. Aber das kriege ich ja doch nicht.«

Kinder freuen sich noch über ihre Wünsche und Träume. Sie fiebern deren Erfüllung entgegen. Erwachsene sind dagegen meist desillusioniert. Sie werden beim Gedanken an ihre sehnlichsten Wünsche oft traurig, frustriert, hilflos oder wütend. Oder nostalgisch-melancholisch: »Weißt du noch, damals? Als die Kinder noch klein waren?«

Insbesondere Frauen sind davon betroffen. Wenn ich mit Freundinnen, Verwandten, aber auch Kundinnen, Coaching-Klientinnen oder Managerinnen über ihre Wünsche und Träume rede, bin ich manchmal schockiert: Viele fühlen sich zu kurz gekommen bei den drei großen Bs: Beruf, Business, Beziehung. Eine leitende Angestellte, immerhin Akademikerin und im Rang einer Abteilungsleiterin,

So viele unerfüllte Wünsche!

zitierte einmal Rimbaud: »La vraie vie est absente.« Das wahre
Leben läuft woanders ab. Enttäuschend, nicht?

Manchmal sind die Enttäuschungen des Lebens subtil: Der Partner
gibt schon wieder ungefragt Tipps, anstatt einfach nur mal zuzuhören oder (mann denke!) Sie in den Arm zu nehmen. Und trotz
wiederholter Winke mit dem Zaunpfahl hat er immer noch nicht ...
(jede Wette, dass Ihnen eine Menge Versäumnisse einfallen). Die
Kinder machen einfach nicht ... (dito). Die lieben Kollegen sollten
doch endlich mal kapieren, dass sie ... Ach, wenn ich doch nur mehr
Zeit für ... hätte. Die Mitarbeiter machen mal wieder ... nicht.

Manchmal sind die Enttäuschungen drei Nummern größer: Wieder
bei Beförderung und/oder Gehaltserhöhung übergangen worden,
wieder das Loser-Projekt gezogen, wieder die typische »Frauenaufga-
be« aufgebrummt bekommen, wieder im Meeting oder in der Verhandlung nicht gebührend wahrgenommen worden, wieder bei einem
Vorhaben an sich selbst gescheitert, wieder gegen den inneren Schweinehund verloren, wieder zu früh aufgegeben, wieder sich selbst
runtergeredet oder in Selbstzweifeln verirrt, wieder keine Anerkennung oder nur den sprichwörtlichen Schulterklaps für herausragende
Leistung in Beruf oder Haushalt bekommen, wieder von irgendeinem
Macho untergebuttert, wieder die Verbalattacke des Kollegen »gelassen und souverän« (das heißt innerlich kochend) ertragen – und dazu
auch noch freundlich gelächelt. Frauen sind ja soo dämlich!

Tatsächlich? Alle? Denken Sie einmal nach. Sicher haben auch Sie
eine Freundin, die ihre Klamotten im Laden immer ein wenig
billiger bekommt als Sie. Oder eine gute Bekannte, deren Arbeits-
team einfach traumhaft produktiv arbeitet. Sie wünschen sich das
auch – aber Sie bekommen das irgendwie nicht so oft? Warum
nicht? Sie ahnen es bereits:

 Was Sie vom Leben und anderen Menschen bekommen,
hängt nicht vom Glück oder von den Genen ab. Natürlich gibt es auch mal Glücksfälle. Genießen Sie sie! Doch
im Normalfall geben Ihnen das Leben und die Menschen
nur und exakt das, was Sie sich holen.

Oder wie es in einem Popsong heißt: »If you really want it, come and get it.« Wenn du was willst, komm und hol's dir. Klingt vernünftig. Und irgendwie auch gerecht, oder? Jede Wette: Die Freundin, die im Klamottenladen alles immer billiger bekommt, kann einfach besser reden, verhandeln, feilschen als Sie. Stimmt's? Und was auf diese Freundin zutrifft, trifft auf die meisten Frauen zu: Nur wenige holen sich das, was ihnen zusteht, wovon sie träumen.

Frauen setzen sich zu wenig durch. Vielleicht spricht man(n) deshalb vom »schwachen Geschlecht«.

Jedes Jahr erscheinen Hunderte von Studien, die diese geschlechtsspezifische Durchsetzungsschwäche wissenschaftlich untersuchen. Die Schwäche trifft sogar (oder gerade) die bestausgebildeten und intelligentesten Frauen.

 So zeigte eine Studie der Universität Bochum, dass selbst in der relativ harmlosen Sprechstunde beim Professor die Studentinnen sich deutlich schlechter verkaufen als ihre männlichen Kommilitonen. Danach

❑ treten Frauen vor ihrem Professor sichtbar und irritierend unsicher auf,
❑ putzen sich die Studentinnen vor dem Professor regelmäßig selbst herunter und schmälern ihre Leistungen.

Die Studenten dagegen pochen auch und gerade gegenüber dem Professor auf ihre Interessen und erreichen auf diese Weise einfach mehr für ihre Sache. Einen positiven Aspekt enthüllte die Studie jedoch auch: Eben weil Studentinnen als hilflose und verwirrte Frauchen mit null Selbstwertgefühl erscheinen und damit an den Übervater appellieren, nimmt sie der gute Prof wie eine Tochter an die Hand und hilft ihr – manchmal. Wenn er gut drauf ist und unter Tochterdefizit leidet. Wie finden Sie das?

**Wer sich durch-
setzt, hat mehr
vom Leben**

Erfreulicherweise fanden die meisten Studentinnen dieses Studien-ergebnis »zum Kotzen«, wie eine sagte: »Ich will doch kein Dummchen sein, das mann an die Hand nehmen muss, weil es sonst nicht über die Straße kommt!«

Schön und gut – aber warum gab sie sich in der Studie dann so? Weil sie – jede Wette – auch beim Notebook-Kauf ihr Notebook nicht so billig kriegt wie Ihre gute Freundin, die super verhandeln und ihre Wünsche einfach besser durchsetzen kann. Bitte machen Sie sich jetzt keine Vorwürfe: Kaum eine Frau bekommt ihr Notebook billiger. Die meisten setzen ihre Wünsche schlicht nicht durch.

❏   Sie setzen sich gegenüber anderen Menschen (Chefs, Kollegen, Kunden, Mitarbeitern, Kindern, Partnern, Eltern, Brüdern, Verkäufern, Geschäftspartnern, Verwandten ...) zu wenig und zu selten durch.
❏   Sie setzen, unabhängig von anderen Beteiligten, ihre eigenen Interessen und Wünsche in vielen Situationen nicht durch.

Was machen sie denn? Sie stecken zurück. Und ärgern sich danach meist furchtbar über sich selber: »Warum lass ich das immer mit mir machen? Warum stehe ich nicht zu meinen Wünschen?«

Das haben Sie sich auch schon gefragt? Dann haben Sie sicher schon eine passende Antwort gefunden. Die häufigsten sind:

❏   »Weil ich nicht auf den Tisch hauen will.«
❏   »Weil ich nicht rumzicken will.«
❏   »Was soll ... denn von mir denken, wenn ich auf stur stelle?«
❏   »Meine Ansprüche sind vielleicht zu hoch.«
❏   »Ich will keine Scherereien machen.«

Interessant, nicht?

 Frauen, die sich zu wenig durchsetzen, befürchten, dass frau sich nur mit Auf-den-Tisch-Hauen, Rumzicken, Anspruchsmentalität oder Scherereien durchsetzen kann.

Und nun mal ehrlich: Stimmt das? Natürlich kennen Sie jede Menge Zicken, die so lange rumquengeln, bis sie kriegen, was sie wollen. Denken Sie tiefer nach: Sie kennen daneben auch ein, zwei Frauen, die *nicht* rumzicken oder wie ein Kerl auf den Tisch hauen – und trotzdem bekommen, was sie wollen. Oder gerade deshalb? Genau darum geht es in diesem Buch:

 Es gibt genügend weibliche Durchsetzungs-Strategien, die einfach sind, wirksam und praxisgetestet – und mit denen Sie nicht nur Frau bleiben, sondern daneben auch sympathisch und charmant rüberkommen! Frau muss diese Strategien allerdings kennen (und anwenden).

Im Klartext: Sie brauchen nicht so brutal aufzutreten wie ein Mann, über Leichen zu gehen und zerbrochene Beziehungen zu hinterlassen, wenn Sie sich durchsetzen möchten. Männer machen sowas gerne und oft. Aber warum sollten Sie das machen? Wer hat das gefordert? Sie können sich gegenüber jeder Person und in jeder eigenen Sache durchsetzen und trotzdem oder gerade deshalb charmant, freundlich, beziehungsorientiert, weiblich, beliebt, sympathisch dabei bleiben. Um nichts anderes geht es in diesem Buch: um *weibliche* Durchsetzungs-Strategien. Wenn Sie diese einsetzen, werden Sie recht schnell erfreut bemerken, dass

❏   lange gehegte Wünsche und Träume endlich wahr werden;
❏   es in Beruf und Privatleben vorwärts geht;
❏   die lieben Kollegen immer weniger ungeliebte Aufgaben bei Ihnen abladen;

Was es Ihnen bringt

- ❏ Sie plötzlich auch ganz schön tough sein können – wenn es hart auf hart kommt –, ohne zum Rambo oder zur Megäre zu werden;
- ❏ Sie jetzt charmant und sympathisch Nein sagen können, wo Sie früher die Kröte widerwillig geschluckt haben;
- ❏ Sie die Ziele, die Sie sich oder andere Ihnen setzen, auch erreichen;
- ❏ Ihre privaten Beziehungen besser werden (ja, durchsetzungsstarke und charmante Frauen haben bessere, nicht schlechtere Beziehungen);
- ❏ allenthalben Ihr Ansehen steigt – wer sich durchsetzen kann, wird auch ernst genommen;
- ❏ sich Ihr Selbstwertgefühl in ungeahnte Höhen aufschwingt;
- ❏ Sie zufriedener mit sich, der Welt und Ihrem Leben werden;
- ❏ Sie an Ausstrahlung, Attraktivität und Wirkung auf andere gewinnen. Schwache Frauen wirken niedlich, starke Frauen wirken attraktiv.

Hört und fühlt sich gut für Sie an? Dann lassen Sie uns beginnen.

1 Was Frauen schwach macht

It matters not how straight the gate,
how charged with punishment the scroll,
I am the master of my fate;
I am the captain of my soul.
William Earnest Henley, aus: »Invictus«

Was wünschen Sie?

Sind Sie wunschlos glücklich? Ich kenne keine, die das wirklich wäre. Also, Hand aufs Herz: Welche geheimen und nicht so geheimen Wünsche und Träume hegen Sie? Stellen Sie Ihre persönliche Top-Ten-Liste auf.

To do Bevor Sie beginnen, noch eine Bitte: Schreiben Sie *alle* Herzenswünsche auf. Lassen Sie a priori keinen weg. Wenn Ihnen das schwerfällt, stellen Sie sich einfach vor, die gute Märchenfee stellt Ihnen nicht drei, sondern gleich zehn Wünsche frei. Also: Alles ist möglich. Und los geht's:

B 1. Besseres Selbstwertgefühl
A 2. Gelassenheit
B 3. Ntot Gesundes Maß an schuldgefühlen
C 4. Mehr Zeit für mich zum Selbst verw. / Ausschm
D 5. Normalen Umgang mit Menschen wie Andi
A 6. Guter Verdienst)
B 7. Spannender sinnvoller Job der Spaß macht
8. → und meine Talente ausschöpft
A 9. Harmonisches interessantes reiches Leben mit Kindern
C 10. Erfolg (großes Leisten)

Was wollen Sie wirklich?

Diese auf den ersten Blick einfache und angenehme Übung fällt vielen Frauen schwer. Sie beklagen sich über so vieles. Doch wenn ich sie frage, was sie sich stattdessen wünschen, herrscht oft betretenes Schweigen. Das Negative in Privat- und Berufsleben ist uns immer präsent. Das Positive, unsere Wünsche und Träume, ist dagegen oft unter einem Berg von Negativem vergraben. Sie wieder auszugraben macht Mühe. Diese Mühe haben Sie eben gespürt.

 Und nun gehen Sie bitte nochmals zurück zu Ihren Top Ten und nehmen eine ABC-Kategorisierung vor. Schätzen Sie die Realisierbarkeit Ihrer Wünsche ganz subjektiv ein und schreiben Sie jeweils eine von drei Einschätzungen dahinter. Schreiben Sie nicht dahinter, was Ihr Kopf Ihnen sagt, sondern was Ihr Bauch – Ihr Gefühl – Ihnen sagt. Kategorisieren Sie Ihre Wünsche nach

❏ »erreichbar« oder »traue ich mir zu«,
❏ »unwahrscheinlich« oder »schwierig«,
❏ »unmöglich« oder »unrealistisch«.

Eine Übung, die bei allen, die sich die kleine Mühe machen, einen Aha-Effekt auslöst. Denn wir reden hier über Durchsetzungskraft. Jede, die diese Übung macht, kommt dabei zwangsläufig auf den Gedanken: »Wenn ich hinter diesen Wunsch ›unwahrscheinlich‹ oder ›unmöglich‹ schreibe – liegt das dann daran, dass der Wunsch unmöglich ist oder dass dafür meine Durchsetzungskraft noch zu schwach ist?«

 Wenn ein Traum unwahrscheinlich oder unmöglich erscheint, liegt es meist nicht am Traum, sondern an der mangelnden Willensstärke und Durchsetzungskraft der Träumenden.

Wir erleben das jeden Tag. Da gibt es alleinerziehende Berufstätige, die zwischen Beruf und Familie zerrissen werden. Und dann gibt es alleinerziehende Berufstätige, die Familie und Beruf und Selbstver-

wirklichung und Erfolg und Attraktivität und Ausgeglichenheit und modisches Aussehen – und, und, und – scheinbar mühelos und mit beneidenswerter Leichtigkeit auf die Reihe bekommen. Wie machen diese Genies das bloß?

Vielleicht ahnen Sie es: Das hat weder mit Glück noch etwas mit den Genen zu tun. Das hat viel mit Durchsetzungs- und Willenskraft zu tun. Und nun die gute Nachricht: Durchsetzungsstärke, Hartnäckigkeit und Überzeugungskraft sind nicht angeboren. Sie sind erworben. Das heißt: Auch Sie können sie erwerben. Genau zu diesem Zweck sind wir hier.

Und kommen Sie mir nicht damit, dass Sie ein hoffnungsloser Fall sind. Ich coache und trainiere seit Jahrzehnten Frauen in allen möglichen Berufen und Positionen und kann aus Erfahrung und Überzeugung sagen: Es gibt keine hoffnungslosen Fälle. Jede kann ihre Durchsetzungskraft verbessern. Gehen wir in medias res, in Ihren Alltag, in dem Sie sich durchsetzen müssen.

Wo werden Sie schwach?

Machen wir die nächsten Top Ten auf.

 Notieren Sie bitte jene zehn wiederkehrenden Situationen, in denen Sie sich oder Ihre Interessen eigentlich stärker durchsetzen müssten, als Sie das bislang tun. Wählen Sie so breit wie möglich: also sowohl Wünsche, die nur Sie allein betreffen, als auch Wünsche, für die Sie das Mitwirken anderer Personen benötigen. Wenn Sie zum Beispiel auf Ihre Linie achten müssten, sich dann aber doch wieder beim Naschen erwischen, ist das ebenso eine Situation mangelnder Durchsetzungskraft wie die wöchentlichen Streitereien mit Kollegen, Kunden oder dem Liebsten, der mal wieder total im Unrecht ist, es aber immer wieder schafft, Sie umzubiegen. Wählen Sie nach Belieben Situationen aus Beruf und Privatem:

Lena & Johann

1. Meinen Interessen Zeit einräum
2. *kaum* nichts erzählen was ich nicht erzählen will
3. Menschen wie Andi nicht erlauben
4. ihre Unfähigkeit/Kleinheit auf
5. mir abzuladen, bzw. mit mir umzug
6. *Kollegen privat + beruflich* Meine Ideen argumentiere und durchsetz
7. *immer* Meinen Bauchgefühle Folge und
8. *immer* Dinge ablehnen, wenn es Alarm schlägt
9. Mich abgrenzen
10. Meinen Bedürfnissen Folge/kann *geba*

Sie sind völlig in Ordnung!

Schlimm, nicht? Ja, so eine Horrorliste der eigenen Unzulänglichkeiten kann einen ganz schön runterziehen. Das glauben Sie jetzt aber nicht wirklich, oder? Wer spricht denn hier von Unzulänglichkeiten? Sie sind nicht unzulänglich. Dass wir manchmal einknicken, wo wir uns besser durchsetzen sollten, ist weder krank noch abnormal noch schwach. Es ist ganz einfach menschlich. Wenig hilfreich ist es daher, sich deswegen Vorwürfe zu machen. Machen Sie das lieber nicht. Sie sind auch nur ein Mensch. Behandeln Sie sich so, wie Sie einen lieben Menschen behandeln würden. Das ist nicht egoistisch. Das ist vernünftig und steht schon in der Bibel. Liebe deinen Nächsten (so) wie dich selbst.

Warum knicken Sie in den obigen Situationen eigentlich ein? Interessante Frage, nicht?

Warum Frauen klein beigeben: die Zicken-Angst

Die bösen Männer sind nicht schuld

Warum setzen sich Frauen so viel seltener durch, als sie wollen, als ihnen gut tut und als Männer das tun? Weil die bösen Männer sie nicht lassen? Das ist die unschöne Ausnahme. Die unschöne Regel lautet dagegen: Weil sie es gleich gar nicht oder nur halbherzig

versuchen oder viel zu schnell aufgeben. Warum? Weil eine ganze
Reihe von Durchsetzungsängsten sie davon abhält.

 Männer haben Angst davor, den Kürzeren zu ziehen.
Frauen haben Angst davor, sich durchzusetzen.

Eine dieser Durchsetzungsängste ist die Angst, für eine Zicke
gehalten zu werden. Wahrscheinlich hat jede von uns schon einmal
in einer Situation, in der wir eigentlich hätten unsere Interessen
schützen müssen, besorgt gedacht oder vielmehr gefühlt: »Wenn ich
jetzt hart bleibe, dann hält der/die mich womöglich für eine Zicke!
Was ist, wenn er/sie sich einfach umdreht und den Kontakt
abbricht?« Diese Angst ist nicht ganz unbegründet, weil vor allem
Männer dafür bekannt sind, aus Diskussionen, die ihnen nicht
passen, einfach davonzulaufen – oder sich am Kaffeetisch vorwurfsvoll schweigend hinter ihrer Morgenzeitung zu verstecken.
Diese Angst im Unterbewussten kennen Sie? Dann haben Sie bereits
den ersten Schritt getan, sie abzuschütteln:

 Ängste wirken aus dem Unterbewussten heraus. Wenn
Sie sich eine Angst bewusst machen, verliert sie bereits
die Hälfte ihrer hemmenden Wirkung.

Warum? Weil sich Ihr gesunder Menschenverstand wieder einschaltet. Eine Coaching-Klientin drückte es so aus: »Vor lauter Angst, als
Zicke dazustehen, rutsche ich in bestimmten Situationen unbewusst ins andere Extrem und sage dann lieber gar nichts mehr. Das
kann es auch nicht sein!« Richtig.

Checkliste: Mit der Zicken-Angst umgehen

☐ Haben Sie keine Angst davor, zu viel zu fordern. Wenn der Gesprächspartner oder die -partnerin Zeichen eines Gesprächsabbruchs zeigt, können Sie immer noch maßvoll zurückstecken, bevor der Partner überkocht.

☐ Haben Sie sich vor dem Gespräch eine Rückzugs-Strategie zurechtgelegt? Tun Sie das. Bereiten Sie sich immer dreifach vor: Bestimmen Sie *vor* einem Gespräch Ihre Wünsche, Ihre Optionen *und* Ihren Rückzugspfad. Ich nenne das auch die Kunst des Einlenkens: so zurückzurudern, dass keiner der Beteiligten sein Gesicht verliert. Auch Sie nicht.

☐ Rechnen Sie damit, dass es in seltenen Fällen tatsächlich zum Abbruch kommt. Diese geringe Misserfolgsquote kann eine starke Frau ertragen, wenn sie weiß: Im Durchschnitt liegt sie mit diesen Misserfolgen immer noch besser, als wenn sie von vornherein aus lauter Zicken-Angst immer nur Minimalwünsche vorbringt.

☐ Denken Sie auch daran: Wenn Sie Ihrer Zicken-Angst immer nur nachgeben, lassen Sie Ihr Selbstwertgefühl verhungern. Wer immer nur zurücksteckt, steht bald mit dem Rücken zur Wand – und fühlt sich auch so: klein, unbedeutend, erfolglos.

☐ Entwickeln Sie Mut zu den eigenen Wünschen! Weil Sie es sich wert sind.

☐ Erinnern Sie sich daran: Alle Frauen leiden hin und wieder unter Zicken-Angst. Das ist nicht ungewöhnlich. Wichtig ist allein, wie Sie mit dieser Angst umgehen. Wie die Spanier sagen: Ein Leben in Angst ist nur ein halbes Leben. Wenn wir unseren Ängsten erlauben, unser Leben zu diktieren, werden unsere Wünsche nie wahr!

Checkliste: Die Angst vor Ablehnung überwinden

Frauen wollen sich nicht in erster Linie durchsetzen. Sie wollen gemocht werden. Harmonie geht ihnen vor Wunscherfüllung. Trotzdem ärgern sich viele Frauen, nachdem sie nachgegeben haben: »Warum habe ich jetzt nicht auf meinem Wunsch bestanden?« Weil die Harmonie ihnen wichtiger war als ihr Wunsch. Das ist edel und uneigennützig. Außerdem: Wer möchte schon nicht gemocht werden? Aber von jedem?

❏ Rufen Sie sich den alten Spruch ins Gedächtnis: »Everybody's Darling ist Everybody's Depp.« Bevor Sie reflexhaft und unbewusst gefallen möchten, fragen Sie sich, wem Sie da gerade gefallen möchten.

❏ Wägen Sie ab, was schwerer wiegt: die eventuelle Ablehnung durch den Gesprächs- oder Verhandlungspartner oder der Verzicht auf Ihren Wunsch? Sie werden feststellen: In vielen Fällen ist Ihnen Ihr eigener Wunsch deutlich wichtiger als die etwaige Ablehnung durch den Partner. Selbst wenn Ihr Wunsch Ihnen nicht so wichtig ist wie die drohende Ablehnung, ist auch das in Ordnung: Dann können Sie den Wunsch ruhigen Gewissens aufgeben – anstatt die Schuld dafür, dass Sie nicht bekommen, was Sie wollen, auf den Partner zu schieben. Stehen Sie zu Ihren Präferenzen!

❏ Selbst wenn Sie der Partner total ablehnt und sich das ausgesprochen mies anfühlt, heißt das noch lange nicht, dass Sie auf Ihren Wunsch verzichten müssen, nur um das Gefühl der Ablehnung nicht ertragen zu müssen. Sie können sich auch fragen: Wie gehe ich sinnvoll mit der zu erwartenden Ablehnung um? Es ist nämlich noch keine erwachsene Frau an diesem Gefühl gestorben.

❏ Machen Sie sich vor allem selbst auf einen großen Irrtum aufmerksam: Viele Frauen fürchten, dass starke Frauen auf Ablehnung stoßen. Das gilt jedoch nur für die starke Zicke. Die starke Diplomatin dagegen erntet nicht nur keine Ablehnung, sie bekommt sogar mehr Akzeptanz und Anerkennung!

- ❏ Warum? Weil ihr Gegenüber sagt oder denkt: »Sie macht wenigstens eine klare Ansage. Ich weiß, woran ich bei ihr bin. Und freundlich ist sie obendrein.«
- ❏ Trauen Sie sich einfach mal, mutig, freundlich, aber bestimmt Ihre Wünsche vorzutragen, und beobachten Sie ganz bewusst, ob Sie auf persönliche Ablehnung stoßen. Das Risiko der Ablehnung ist nämlich sehr viel geringer als die Angst davor. Die Angst vor Ablehnung ist meist nur das: eine Angst. Das heißt, sie kommt viel häufiger nur im Kopf vor als in der Realität.
- ❏ Erinnern Sie sich daran, dass es gesund und vernünftig ist, Angst vor Ablehnung zu haben. Es ist jedoch ungesund und unvernünftig, immer und überall und bei jedem Angst vor Ablehnung zu haben. Diese Angst ist ein unbewusster Reflex. Lassen Sie nicht zu, dass sie Ihnen unbewusst und reflexhaft die Suppe versalzt.

Die Dornröschen-Illusion

Wenn ich in Coaching oder Training mit Frauen Situationen diskutiere, in denen sie nicht (entschieden genug) ihre Wünsche vorgebracht haben, höre ich als Begründung immer wieder:

- ❏ »Ich hoffe immer noch, dass er von alleine vernünftig wird!«
- ❏ »Warum sieht sie denn nicht ein, dass es so nicht geht?«
- ❏ »Ich verstehe das nicht. Warum kommt er mir nicht diesen einen Schritt entgegen?«

Wäre es nicht schön, wenn alle Menschen vernünftig, einsichtig und entgegenkommend wären? Aber sicher. Und? Sind sie's? Schön wär's ja. Wenn sie's wären, wären wir nicht hier. Dann gäbe es keinen Bedarf für Durchsetzungskraft. Anders gefragt:

Wie oft passiert es Ihnen, dass Menschen vernünftig, einsichtig und entgegenkommend mit Ihren Wünschen umgehen? In wie vielen von zehn Wunschfällen? Und: Reicht Ihnen diese Quote?

Den meisten reicht sie nicht. Weil die Quote weit unter 50 Prozent liegt. Man könnte auch sagen: »Hope has never changed tomorrow's weather.« (Amerikanisches Sprichwort) Wer hofft, dass Menschen vernünftig und entgegenkommend sind, verhält sich wie Dornröschen, das sich einfach niederlegt und auf den Märchenprinzen wartet. Das klappt nur im Märchen. Denken Sie auch daran: Warum ist Dornröschen wohl ein Märchen? Eben weil die Menschen schon immer davon geträumt haben, dass andere die Arbeit für sie machen, sie wachküssen, erlösen, aus dem Schlummer reißen. Und weil es das im wirklichen Leben nicht gibt, wurde es zum Märchen.

Wenn ich Frauen danach frage, wie weit sie mit bestimmten privaten oder beruflichen Projekten oder Wünschen schon gediehen sind, höre ich immer wieder: »In dieser Sache warte ich noch auf den richtigen Zeitpunkt/die richtige Gelegenheit/den richtigen Partner/die zündende Idee ...« Meist fällt es den Frauen in dem Moment, in dem die Worte ihre Lippen verlassen, wie Schuppen von den Augen, was sie da tun: Sie tun nichts und warten auf den Prinzen. Das ist gut:

> **Tipp**
> Passen Sie auf sich auf. (Wer sollte es sonst für Sie tun?) Ertappen Sie sich beim Dornröschen-Spielen. Das reicht meist schon, um wieder aufzuwachen. Wie Martin Luther King sagte: »Wünsche werden nicht durch Warten wahr.«

Hope has never changed tomorrow's weather

Die Doof-Falle

Auch mir passiert es hin und wieder, dass ich mich dabei ertappe, nicht die beste Fürsprecherin meiner Wünsche zu sein. Als ich mir unlängst ein neues Paar Ski kaufte und sie nach der Montage abholen wollte, stellte ich verblüfft fest, dass die Marke inzwischen per Sonderaktion billiger angeboten wurde, als ich sie gekauft hatte. Ich meinte noch zu meinem Verkäufer: »Das ist jetzt aber dumm, dass der Schi jetzt billiger ist.« – »Tja, kann man nix machen«, meinte der Gute daraufhin, »ist halt eine Sonderaktion.« Dafür hätte ich ihn am liebsten spontan gewatscht.

Hinterher ärgerte ich mich über mich selbst: Anstatt die Sonderaktion doof zu finden – hätte ich nicht exakt das aussprechen sollen, was ich mir gewünscht habe? Nämlich einen Preisnachlass von 50 Euro? Manchmal ist Durchsetzungskunst verblüffend einfach.

 Laufen Sie nicht frustriert durchs Leben (Fachausdruck: mit Opferhaltung). Sprechen Sie offen an, was Sie vom Leben und anderen Menschen wollen.

Machen Sie ein kleines Gedankenexperiment. Wen oder was finden Sie aktuell richtig doof? Was wünschen Sie sich von dem Betreffenden oder der Situation? Haben Sie diesen Wunsch schon einmal offen und freundlich angesprochen? Warum nicht? Versuchen Sie's doch einfach!

Reden Sie nicht hintenrum!

Die Vorgesetzte spricht über Lieferrisiken und ist davon überzeugt: »Der muss doch merken, was ich damit meine! Muss ich ihm das denn erst buchstabieren, dass er eine Risikoanalyse vornehmen soll?« Was die Vorgesetzte ironisch meint, ist keine schlechte Idee. Denn: Männer verstehen keine indirekte Kommunikation. Etliche Frauen übrigens auch nicht.

Eine Seminarteilnehmerin klagte einmal: »Seit Wochen sage ich einem bestimmten Mitarbeiter, dass er sein Risk Management auf Vordermann bringen soll. Da passiert einfach nichts!« Auf meine Rückfrage, mit welchem Wortlaut sie denn ihren Mitarbeiter auffordert, meinte diese: »Ich sage ihm mindestens einmal die Woche, dass ich mir Sorgen um unsere Lieferrisiken mache.« Aha. Klarer Fall von indirekter Kommunikation.

Was machen viele Frauen, wenn ihre indirekte Kommunikation auch nach der zehnten Wiederholung nichts fruchtet? Sie ziehen die dicke Verbalkeule aus dem Sack: »Nie machst du ...!« In unserem Fall platzte die Vorgesetzte heraus: »Sie denken nie auch nur für 50 Cent an unsere Lieferrisiken!« Was war der Mitarbeiter daraufhin? Stinksauer. Redete zwei Wochen kein Wort mehr mit der Chefin.

Checkliste: Weg von der Kuschelkommunikation!

❑ Wenn Ihre indirekte Kommunikation wiederholt keine Wirkung zeigt, fallen Sie nicht gleich ins andere Extrem! Lassen Sie die Verbalkeule der Übergeneralisierung (»Nie!«, »Immer!«) stecken.

❑ Werden Sie stattdessen *ein wenig* direkter. Bitten sind hervorragend dafür geeignet, zum Beispiel: »Herr Meier, bitte nehmen Sie sich unsere Lieferrisiken vor!«

❑ Fällt beim Gegenüber immer noch nicht der Groschen, werden Sie von Mal zu Mal ein wenig direkter. Irgendwann ist es dem Partner direkt genug, damit er es verstehen kann. Jeder Partner hat einen Schwellenwert. Erreichen Sie ihn, fällt bei ihm der Groschen.

❑ Erinnern Sie sich immer wieder daran, dass Sprache ein Werkzeug ist. Wenn es nicht wirkt, liegt das nicht am Empfänger, sondern prinzipiell am Sender. Der Experte sagt dazu: »Kommunikation entsteht beim Empfänger.«

Den dicken Hammer schwingen

Bei der schrittweisen Eskalation von der »typisch weiblichen«, indirekten Kommunikation zur geschlechtsübergreifend verständlichen, direkteren Kommunikation geht es nicht darum, dass Sie den dicken Hammer benutzen. Es geht um Wirkung. Und es geht darum zu zeigen, dass Sie auch anders können als lieb, nett und indirekt – eben »typisch Frau«.
Es geht um Ihre Toolbox: Da muss auch ein Hammer drin sein. Diesen müssen Sie nicht bei jeder Gelegenheit herausholen. Doch Sie müssen anderen zeigen: Ich habe nicht nur Wattebäusche in meinem Werkzeugkasten!

 Als Unternehmerin muss ich mich jeden Tag mit mindestens einem Lieferanten, Geschäftspartner, Kunden oder Mitarbeiter auseinandersetzen, der sich nicht an Vereinbarungen hält. Natürlich mache ich beim ersten Mal oft eine indirekte Andeutung. Lenkt der Partner daraufhin nicht ein, verwende ich eine Eskalationsform, die sich in der Praxis als sehr wirksam herausgestellt hat. Ich sage dann: »Wissen Sie, ich bin noch weit davon entfernt, ärgerlich zu werden. Aber langsam wird es wirklich Zeit, dass Sie sich um die Sache kümmern!«
Meistens wirkt das erstaunlich gut. Denn kein Mensch hat es wirklich auf Ärger abgesehen.
In seltenen Fällen zieht auch das nicht. Dann eskaliere ich beim nächsten Gespräch: »Sie erinnern sich daran, dass ich beim letzten Mal sagte, ich wäre noch nicht so weit, mich über die Sache zu ärgern. Heute bin ich einen großen Schritt näher daran, mich echt aufzuregen.«

Sie können sich selber ausmalen, wie sich die nächste Eskalationsstufe anhört. Übernehmen Sie ruhig diese Musterformulierung – oder denken Sie sich Ihre eigenen Eskalationsstufen aus. Nach der

ersten Eingewöhnung macht das richtig Spaß. Vor allem, wenn Sie erleben – und Sie werden es erleben! –, wie stark die direkte(re) Kommunikation wirkt. Wie schon in der Bibel steht: Das Wort ist mächtiger als das Schwert. Sie können einen Menschen allein mit Ihren Worten dazu bringen, dass er Ihre Wünsche erfüllt. Ist Sprache nicht etwas Wunderbares?

Die gute Frau denkt an sich selbst zuletzt

Veronika muss bis Freitag ihre Präsentationsunterlagen fertig haben. Am Donnerstag schneit Dominik herein: »Wir müssen ganz dringend Projekt X besprechen. Können wir heute Nachmittag?« Eigentlich hat Veronika dafür nun wirklich keine Zeit: »Aber den Nick kann ich doch nicht hängen lassen!« Um ihre Deadline zu halten, arbeitet sie nach der Besprechung mit Nick dann am Donnerstagabend bis 23 Uhr. Ihr Beziehungspartner nimmt das nicht wirklich gelassen auf. Am Ende ist Veronika die Gekniffene. Sie meint: »Er hat mich das tagelang spüren lassen. Donnerstag ist eigentlich unser freier Abend.«

Passiert Ihnen das auch a) hin und wieder, b) regelmäßig, c) viel zu oft? Kein Vorwurf – das passiert den meisten Frauen. Warum? Weil wir, wenn Bitten an uns herangetragen werden, automatisch denken: »Was macht das mit uns beiden? Was bedeutet es für uns beide, wenn ich jetzt nein sage?« Das können Frauen gut. Sie denken nicht nur an die Aufgabe (wie Männer). Sie denken auch ans Ganze, an die Beziehung. Sie denken nicht nur an Dominiks Projekt, sondern auch daran, was das Projekt »mit uns macht«. Eine sehr sinnvolle und soziale Strategie. Sie hat nur einen einzigen Haken: Sie ist auf einem Auge blind. Machen Sie deshalb das zweite wieder auf (mit dem zweiten sieht frau besser).

Wenn Sie sich dabei ertappen, wie Sie sich die Frage stellen »Was macht das mit uns beiden?«, stellen Sie gleich eine zweite Frage hinterher: »Und was macht das mit mir?«

Zugegeben, eine ungewohnte und ungewöhnliche Frage. Denn an uns selbst denken wir meist zuletzt. Seit Veronika sich diese Frage stellt, lehnt sie Gesuche von lieben Kollegen nicht rundheraus ab – sie sagt aber auch nicht wie früher bedenkenlos zu. Beim letzten Mal sagte sie zu Dominik: »Du, jederzeit und gerne. Nur bin ich heute selber mächtig unter Druck. Ich muss das bis morgen fertig haben, sonst rückt mir der Vertriebsleiter auf die Pelle. Können wir es verschieben? Oder jetzt eine halbe Stunde fürs Gröbste und die Feinarbeit dann, wenn ich mit meiner Aufgabe durch bin?«
Interessant ist übrigens, was Dominik zu Veronikas neu erworbener Durchsetzungskraft sagt: »Ich hatte schon öfters den Eindruck, dass Veronika ja sagt, wenn sie eigentlich nein sagen möchte. Aber wenn die dumme Kuh den Mund nicht aufkriegt! Ich habe doch auch ein schlechtes Gewissen, wenn sie wegen mir bis um Mitternacht im Büro sitzt! Ich finde es richtig unfair, dass sie mir das nicht sagt. Seit sie offen redet, komme ich besser mit ihr aus. Mensch, mir ist doch auch klar, dass sie nicht immer kann, wenn ich was von ihr möchte!« Wie gesagt: Starke Frauen haben die besseren Beziehungen – sowohl privat wie auch beruflich. Und sie werden stärker respektiert.

Den Helfer-instinkt abstellen

Ich höre schon Ihren Einwand: Was wir hier in wenigen Zeilen abgehandelt haben, ist einer der mächtigsten weiblichen Instinkte: sich für andere aufzuopfern. Diesen jahrtausendealten Helfer-instinkt kann frau doch nicht in 20 Zeilen abstellen! Natürlich nicht. Aber vielleicht in 20 Wochen? Irgendwann müssen wir doch damit anfangen, uns nicht mehr ständig für alles und jeden aufzuopfern! Irgendwann müssen wir anfangen, hin und wieder auch mal an uns selbst zu denken! Warum nicht jetzt?

Madlen hat dafür eine tolle Strategie entwickelt. Sie erzählt: »Auch ich ertappe mich immer wieder mit dem Helfersyndrom. Deshalb habe ich mir vorgenommen: Jeden Tag denkst du nur ein einziges Mal an dich selbst, wenn andere was von dir wollen. Das tut mir unbeschreiblich gut. Und überraschenderweise den anderen auch. Die nehmen mich jetzt ernster.«

Die Projektionsfalle

Übrigens, erraten Sie, was ich nach meinem Skikauf auch noch gedacht habe? Richtig: »Blöder Verkäufer. Der hätte mir mit dem Preis ein wenig entgegenkommen können!«

STOP Wenn Frauen nicht bekommen, was sie wollen, reagieren sie oft mit Schuldzuweisungen, direkten oder indirekten Vorwürfen. Die Psychologin sagt Projektion dazu: Wir projizieren unsere eigene Unzulänglichkeit auf den anderen und sind ihm dann böse. Das Verhalten erinnert irgendwie an den sechsjährigen Trotzkopf, nicht? Bekommt nicht, was er/sie will, stampft mit dem Fuß und klagt: »Du bist ja soo gemein zu mir!« Oder eben: »Blöder Verkäufer!«

Der Verkäufer war nicht blöd. Im Gegenteil. Der machte seinen Job gut. Denn der Einzelhandel braucht die Marge. Er kann nicht bis zum Abwinken Preisnachlässe geben. Geiz ist nicht geil. Geiz ist ruinös für den Handel und schlecht für die Arbeitsplätze. Wenn hier jemand blöd war, dann nicht der Verkäufer: Meine Erwartung, dass er mir preislich entgegenkommt, ist doch völlig absurd – wenn ich sie nicht explizit formuliere! Warum sollte der Verkäufer denn meine Gedanken lesen? Etwa weil er möchte, dass ich ihn nett finde? Das kann nicht sein, denn nett gefunden werden wollen nur Frauen.

Gleichzeitig erkennen wir an diesem Beispiel eine der wichtigsten Fähigkeiten der Durchsetzungskunst:

 Es ist nicht wichtig, dass Sie sich immer durchsetzen. Das schafft keine(r). Viel wichtiger ist, dass Sie Ihr Durchsetzungsverhalten nach erfolgreichen und erfolglosen Durchsetzungsversuchen reflektieren (und eben nicht die Schuld auf andere schieben), um es beim nächsten Mal besser zu machen.

Grübeln Sie nicht endlos darüber nach und vergraben Sie sich dabei nicht immer tiefer in Selbstvorwürfen! Sondern reflektieren Sie konstruktiv:

❑ Was lief da gerade ab?
❑ Was habe ich gut gemacht? Und geben Sie sich dafür selbst die verdiente Anerkennung!
❑ Was lief nicht so gut? Und bitte jeden Selbstvorwurf verkneifen.
❑ Wie mache ich es beim nächsten Mal besser?

Es gibt eine starke Korrelation zwischen Reflexions- und Durchsetzungsfähigkeit: Menschen, die ihr Verhalten konstruktiv reflektieren, können es sehr viel schneller und leichter verändern als jene, die 30 Jahre lang denselben Fehler machen – und ihn nicht bemerken (oder anderen die Schuld in die Schuhe schieben).

Bloß nicht selbstbewusst auftreten!

Eigentlich könnten wir uns das Ganze auch sparen. Ihr Buchhändler könnte Ihnen Ihr Geld fürs Buch zurückgeben, denn im Prinzip ist die Sache doch klar: Wer selbstbewusst auftritt, setzt sich auch durch!

So steht das tatsächlich in manchen Ratgebern. Funktioniert das? Aus Ihrer Erfahrung? Nein? Warum denn nicht?

 Frauen leiden unter einer erlernten Verunsicherung. Schon von Kind an wird ihnen eingetrichtert: Bloß nicht selbstbewusst auftreten! Das wirkt unweiblich!

Wer zu seinen Wünschen steht, wirkt angeblich zickig, hart, maskulin, gurgelt mit Schotter, frisst kleine Kinder, hätte eigentlich ein Junge werden sollen, ist ein Mannweib, hat Haare auf den Zähnen, ist eine Xanthippe, eine Männerhasserin oder schlimmer noch: eine Emanze ... Sie kennen die gängigen Vorurteile: Alles Quatsch und männliche Propaganda, die leider von zu vielen Müttern bei der Erziehung übernommen wird. Claudia Schiffer ist sehr selbstbewusst. Heidi Klum auch. Und? Haben Sie das Gefühl, dass die beiden »unweiblich« sind? Zum Brüllen komisch, nicht? Daran sehen wir, wie abwegig solche Vorurteile sind.
Tatsächlich kenne ich keine vor Selbstbewusstsein strahlende Frau, die Probleme bei der Artikulation ihrer Wünsche und der Durchsetzung ihrer Interessen hätte. Auch umgekehrt hält die Korrelation: Bei jeder Frau mit mangelnder Durchsetzungskraft finden Sie auch ein schwaches Selbstwertgefühl. Wenn Sie etwas für Ihre Durchsetzungsstärke tun möchten, tun Sie erst etwas für Ihr Selbstwertgefühl. Wie baut frau das auf?

Starke Frauen kriegen, was sie wollen

Der Zusammenhang leuchtet unmittelbar ein, nicht wahr? Erinnern Sie sich an die letzte Situation, in der Sie zurückgesteckt haben. Und nun stellen Sie sich vor, Sie hätten in dieser Situation vor Selbstvertrauen nur so gestrahlt. Dann hätten Sie sich ganz anders verhalten? Richtig erkannt. Je stärker Ihr Selbstwertgefühl, desto größer Ihre Durchsetzungsstärke.
Leider ist es im Leben meist umgekehrt: Je dringender wir uns etwas wünschen, desto stärker schrumpft unser Ego in der Situati-

on, in der es »drauf ankommt«. Das ist zwar blöd, aber sehr menschlich. Was viele Frauen jedoch nicht wissen:

 Ein starkes Selbstwertgefühl ist wie eine schlanke Figur: Macht zwar etwas Mühe, doch Sie und nur Sie allein haben den größten Einfluss darauf. Es liegt in Ihrer Hand.

Viele Frauen überrascht das. Sie glaubten bislang, dass Selbstwertgefühl angeboren oder naturgegeben ist oder etwas mit Intelligenz oder Bildung oder anderen Faktoren zu tun hätte. Die Wissenschaft hat jedoch schon lange das Gegenteil bewiesen. Das Selbstwertgefühl verhält sich wie ein gesunder Teint: Wer viel dafür tut, regelmäßig joggt, viel trinkt, wenig raucht und ausreichend schläft, hat eben auch den gesünderen, frischeren Teint. Aber wem erzähle ich das? Sie interessieren sich wohl eher für die Frage: Was können Sie für Ihr Selbstwertgefühl tun?

Ein starkes, gesundes Selbstwertgefühl

Es gibt Dutzende Mittel und Wege, sich selbst aufzubauen. Machen Sie es wie beim Klamottenkauf: Probieren Sie viele Teile an – und entscheiden Sie sich für die, die am besten zu Ihnen passen:

Was ist Ihr Hausmittel?

❑ Woraus speist sich Ihr Selbstwertgefühl im Allgemeinen? Was tun, sagen, denken Sie, um sich aufzubauen? Finden Sie es heraus und wenden Sie Ihr bewährtes Hausmittel vor und während der nächsten Durchsetzungssituation an. Lassen Sie sich auch nicht von Exotischem beirren. Eine junge Abteilungsleiterin, in ihrer Freizeit Siebenkämpferin, sagte mir einmal: »Ich mache vor wichtigen Gesprächen 20 Liegestütze – danach fühle ich mich zu allem bereit!« Klingt verrückt? Nein. Was hilft, ist nicht verrückt.

❏ Was sagen Sie sich innerlich, wenn Sie total selbstbewusst sind? Finden Sie diese Aktivierungsgedanken heraus – meist sind es unbewusste Glaubenssätze. Machen Sie sich diese bewusst und setzen Sie sie von nun an *bewusst* ein.

❏ Psychologen haben herausgefunden, dass das Selbstwertgefühl stark von der Körperhaltung beeinflusst wird. Kleiner Test dazu: Senken Sie den Kopf auf die Brust und murmeln Sie kaum hörbar: »Ich bin soo deprimiert!« Achten Sie auf das Gefühl dabei. Gruselig, nicht? Und nun legen Sie den Kopf weit in den Nacken, schauen zur Decke und sagen mit einem Lächeln auf den Lippen denselben Satz laut und deutlich. Was fühlen Sie dabei? Wie kann das sein? Derselbe Satz und doch so extrem unterschiedliche Gefühle? Das heißt: Wenn Selbstbewusstsein gefragt ist, sprechen Sie die Körpersprache der Selbstbewussten – und Ihr Selbstvertrauen macht einen Riesensprung. Stehen Sie auf, stehen Sie so aufrecht wie möglich, das heißt: Wirbelsäule wie bei der Gymnastik optimal aufrichten, belasten Sie beide Beine gleich (stehen Sie gut »verwurzelt«), spannen Sie die Bauchmuskeln und das Gesäß leicht an (Ihre Muskeln stehen buchstäblich unter Spannung), nehmen Sie den Kopf hoch und das Kinn leicht zurück. Lächeln Sie. Atmen Sie tief. Fühlt sich saugut an? Und das jedes Mal. Wenn Sie merken, dass Ihr Selbstbewusstsein aufgrund von Attacken von außen (oder innen) schwindet, richten Sie sich bewusst selbst wieder auf – und Ihr Selbstwertgefühl wird dem Körper folgen.

Körperhaltung = Geisteshaltung

❏ Eine ähnlich starke Korrelation besteht zwischen Atmung und Selbstwertgefühl. Ein chinesischer Therapeut sagte mir einmal: »Ich habe noch nie jemand mit Bauchatmung erlebt, der sich mies gefühlt hätte.« Leider wird dieses Rezept im Westen oft falsch kolportiert. Der berühmte Satz »Atmen Sie erst mal tief durch!« bringt nämlich gar nichts – wie Sie vielleicht schon bemerkt haben. Atmung ist wie jedes Heilmittel: Die Dosis macht die Wirkung. Erst nach ungefähr 30 tiefen Atemzügen (viele Chinesen sagen auch: 3 mal 9 Atemzüge) werden Sie die

Die Kraft des tiefen Atems

phänomenale Wirkung erleben. Was wirkt da? Ihr Körper wird von Endorphinen buchstäblich überschwemmt. Wohl bekomm's.

❏ Legen Sie sich ein Mantra zu. Bitte keines abkupfern. Mantras wirken nur, wenn Sie sie ganz persönlich auswählen und umformulieren, bis sie »passen«. Luisa zum Beispiel sagt sich vor Durchsetzungssituationen immer und immer wieder: »Ich weiß, was ich will!« Senta findet das »voll blöd« – weil es bei ihr nicht wirkt. Sie hat herausgefunden, dass bei ihr am besten wirkt: »Ich bin wie Bambus.« Wie bitte? Meine Rede: Mantras wirken Wunder. Aber nur, wenn es *Ihre* sind.

Visualisieren Sie!

❏ Warum verlässt Frauen vor und in Durchsetzungssituationen manchmal der Mut? Weil ungewollt und unbewusst im Kopf ein Katastrophenfilm abläuft, etwa: »Was ist, wenn er total sauer reagiert?« Wenn dieser Film Selbstwertgefühl zerstört, dann baut es ein Erfolgsfilm wieder auf. Visualisieren Sie. Stellen Sie sich die Situation in allen Details so lebhaft und positiv wie möglich vor. Sie sprechen mutig, freundlich und offen welche Worte – mit welcher Körperhaltung? Ihr Partner reagiert sehr positiv darauf: Was sagt er? Wie reagiert seine Mimik? Erschütternd an der Visualisierung ist ihre Wirkung. Manchmal berichten mir Coachees völlig verdattert, dass der Partner »exakt die Worte sagte, die ich vorausgeträumt habe. Ist das Hexerei?« Nein. Lediglich die Kraft der Selffulfilling Prophecy.

Motive machen selbstbewusst

❏ Motive und Interessen sind die stärksten Motivatoren in der Schöpfung (nicht nur bei Menschen). Sie sind die Urkraft, die alles und jeden antreibt. Sie sind hundertmal stärker als die Kraft eines Wunsches oder die vielbeschworene Willenskraft (mit der sie oft verwechselt werden). Was wünschen Sie sich? Und welches Interesse steckt dahinter? Marion zum Beispiel wünscht sich, dass sie »nicht immer als Letzte vom Projektleiter informiert wird«. Leider hat sie mit diesem Wunsch bislang nicht viel erreicht. Warum nicht? Weil sie ihr Interesse dahinter noch nicht entdeckt hat. Im Coaching kommen wir dahinter.

Marion sagt: »Ich will endlich ernst genommen werden!« Spüren Sie's? Selbst Ihnen gibt dieses Interesse mehr Kraft als der bloße Wunsch – und dabei ist es noch nicht einmal Ihr Wunsch. Entdecken Sie Ihre Interessen und Motive hinter Ihren Wünschen – und segeln Sie von dieser Urkraft getrieben der Erfüllung Ihrer Wünsche entgegen!

❑ Malen Sie sich Ihren Erfolg in buntesten Bildern aus. Was haben Sie davon, wenn Sie sich durchsetzen und Ihr Wunsch wahr wird? Man sagt: Erfolg beflügelt. Das gilt auch für den Erfolg, den Sie sich vorab vorstellen.

❑ Hören Sie auf Ihre innere Stimme. Überraschend oft ist diese sehr selbstbewusst, indem sie zum Beispiel sagt: »Jetzt ist aber genug. Lass dir doch nicht immer so viel gefallen!« Unsere Intuition ist sehr weise – sie spricht nur leider mit leiser Stimme. Wer sie hören will, sollte zur Ruhe kommen und sehr genau in sich hineinhorchen. Das ist lediglich eine Frage der Übung.

Vertrauen Sie Ihrer Intuition!

❑ Setzen Sie sich ganz bewusst öfter mal durch; auch bei kleinen oder gar trivialen Anlässen, die »eigentlich egal« sind. Denn Selbstwertgefühl und Durchsetzungskraft sind interdependent: Je selbstbewusster Sie sich fühlen, desto häufiger setzen Sie sich durch. Und je häufiger Sie sich durchsetzen, desto selbstbewusster werden Sie.

❑ Nehmen Sie den inneren Dialog auf. Das Selbstwertgefühl wird meist von negativen Gedanken angefressen wie: »Knallharte Frauen mag keiner!« Jede hat solche Gedanken. Die meisten verwechseln sie jedoch mit Tatsachen. Lassen Sie sich nicht unbewusst aufs Glatteis führen. Nennen Sie das Kind beim Namen: »Das ist ein Gedanke, keine Tatsache.« Oder: »Das ist ein Gefühl.« Feelings are not facts, wie die Amerikanerin sagt. Verwerfen Sie diesen Gedanken nicht in der Art: »Hör auf, dich verrückt zu machen!« Durch Widerspruch wird der Gedanke nämlich nur noch stärker. Kampf ist Krampf, wenn er im Kopf stattfindet. Reden Sie vielmehr mit sich wie mit einer guten Freundin, die lieb und nett ist, die nur manchmal etwas

Führen Sie den inneren Dialog

abstruse Gedanken hegt, zum Beispiel: »Na hör mal, warum sollte man dich deshalb nicht mehr mögen? Du fragst doch ganz freundlich. Außerdem ist dein Wunsch berechtigt. Also versuch es doch wenigstens mal!«

Nehmen Sie sich selbst zum Vorbild

❏ Self-Modelling: Erinnern Sie sich an eine x-beliebige Situation, in der Sie vor Selbstbewusstsein nur so gesprüht haben. Welche Situation das war, ist völlig egal. Es kommt nur auf das Gefühl an. Haben Sie eine? Dann erforschen Sie: Was haben Sie in dieser Situation gefühlt? Was haben Sie sich gesagt? Wie war Ihre Körperhaltung? Wie war Ihre Stimme? Was haben Sie gesagt? Was gedacht? Wie war Ihre Mimik, Gestik? Übertragen Sie diese Erfolgskomponenten auf die Situation, in der Sie diese Durchsetzungskraft benötigen. Machen Sie alles so wie in der Referenzsituation. Ein Verfahren, das etwas Übung benötigt, aber sehr wirksam ist.

❏ Haben Sie sich lieb. Das ist die schwerste Übung von allen. Wie Des'ree, die Popsängerin, sagte: »The greatest gift is, if you can love yourself.« Wenn Sie ein Baby in den Armen halten, spüren Sie diese Liebe. Stellen Sie sich vor, Sie könnten sich selbst so lieben wie dieses unschuldige Wesen. Ein überwältigender Gedanke, ein unbeschreibliches Gefühl? Das ist es. Für einen Menschen, den Sie lieben, würden und werden Sie alles tun. Wenn wir lieben, existieren keine Grenzen. Das wissen wir. Leider haben wir vergessen, dass das nicht nur für Babys und andere Menschen, sondern auch für uns selbst gilt. Wenn Sie sich selbst akzeptieren und lieben können, werden Sie immer genügend Selbstwertgefühl haben.

Suchen Sie sich die Mittel und Wege zur Steigerung des Selbstwertgefühls aus, die zu Ihnen passen und bei Ihnen wirken. Übrigens: Am besten wirken Kombinationen aus zwei oder drei Mitteln. Viel hilft viel. Und: Diese Techniken wirken zwar oft schon seit Jahrtausenden. Doch sie sind wie Klavierspielen, Kochen oder Kalkulieren auch: Am besten funktionieren sie nach einem Dutzend Probeläufen. Geben Sie sich diese Chance.

Selbstwertgefühl kommt nicht von ungefähr oder von alleine. Es verhält sich wie Attraktivität oder Intelligenz auch: Wenn wir täglich, stündlich etwas dafür tun, bleibt es groß genug, um unsere Durchsetzungskraft stark zu halten.

2 Den Wünschen Worte geben

Siege, aber triumphiere nicht!
Marie von Ebner-Eschenbach

Bittet, und euch wird gegeben!

Was wünschen Sie sich? Wie lauten Ihre Wünsche an Leben, Beruf, Chef, Partner, Kinder, Kunden, Kollegen? Warum bekommen Sie es nicht (im erhofften Maße)?

Wenn es mit einem Wunsch nicht klappt, suchen wir die Schuld oft bei anderen (»Der ist ja so stur!«), bei den Umständen (»Der Zeitpunkt ist gerade nicht günstig!«) oder bei uns (»Ich habe zu wenig Disziplin!«). Schuldzuweisungen dieser Art sind verständlich, doch leider meist falsch – und sie bringen uns auch selten weiter.

 Bevor Sie die Schuld woanders suchen, überprüfen Sie erst Ihre Wunschformulierung.

Vielleicht erinnern Sie sich noch an mein Erlebnis im Skiladen (s. Kapitel 1). Was wünschte ich mir da? Dass ich einen Preisnachlass bekäme. Was sagte ich zum Verkäufer? »Das ist aber dumm, dass der Ski jetzt noch billiger ist.« – »Tja, kann man nix machen«, meinte der Gute daraufhin. Was hätte er auch anderes sagen können? Was wir daraus lernen, ist die Kernbotschaft dieses Kapitels: Wünsch dir was! Nehmen Sie das ruhig wörtlich. Wenn wir nicht klar und deutlich aussprechen, was wir uns wünschen,

geht unser Wunsch nur dann in Erfüllung, wenn unser Gegenüber Telepath ist.

 Ohne Wunschäußerung keine Wuscherfüllung!

Die Erkenntnis ist nicht neu. Schon in der Bibel lesen wir: »Bittet, und euch wird gegeben!« Es steht nicht drin: Druckst herum oder vertraut auf die telepathischen Fähigkeiten eures Gegenübers, und es wird euch gegeben werden. Die Wunschartikulation ist entscheidend für die Wuscherfüllung. Oder wie eine Seminarteilnehmerin es formulierte: »Wünsche können Berge versetzen!« Vorausgesetzt, sie werden geäußert.

 Wenn Sie sich zu wenig durchsetzen: Verbessern Sie Ihre Wunschartikulation! Sagen Sie klar und deutlich, was Sie wollen. Was heißt klar und deutlich?

Nicht-Wünsche verwandeln

Betrachten wir einige Wünsche:

Solche Wünsche erfüllen sich selten

- ❑ »Ich wünsche mir, dass der Chef nicht ständig auf jedem kleinen Fehler herumhackt!«
- ❑ »Dieser Job ist einfach nichts für mich!«
- ❑ »Gib mir die Daten doch nicht immer so spät rein!«
- ❑ »Ich komme mit meinem Gehalt einfach nicht aus!«

Solche Stoßseufzer kennen wir alle. Was meinen Sie, werden die dahinterliegenden Wünsche erfüllt? Wohl kaum. Denn:

 Nicht-Wünsche erfüllen sich selten. Es sei denn, Sie verwandeln sie in Wünsche.

Dazu eine illustrative Anekdote: Ein Mann hetzt aus einem Bürogebäude zum Taxistand und sagt zum Taxifahrer: »Ich habe es eilig! Fahren Sie schnell – aber fahren Sie nicht zum Flughafen!« Damit kann kein Taxifahrer der Welt etwas anfangen. Der Fahrgast kommt so nie zum Ziel. Weil er nicht sagt, welches sein Ziel ist – er nennt nur das Nicht-Ziel. Verwandeln wir die obigen vier Beispiele in echte, zielführende Wünsche:

- ❑ »Ich wünsche mir, dass mein Chef meine Leistungen lobt.«
- ❑ »Ich möchte einen Job, bei dem ich meine Neigungen besser einbringen kann.«
- ❑ »Bitte gib mir die Daten beim nächsten Mal spätestens drei Tage vor dem Endtermin rein!«
- ❑ »Ich möchte 500 Euro mehr Gehalt im Monat brutto!« (S.a. Cornelia Topf: *Gehaltsverhandlungen für freche Frauen*)

So schnell geht das normalerweise natürlich nicht. Im Coaching verwenden wir manchmal bis zu einer Stunde darauf, herauszufinden, was einer Klientin genau stinkt und was sie sich stattdessen wünscht. Vom Negativen ins Positive zu kommen erfordert etwas Nachdenken.

Am dritten der obigen Wünsche sehen wir auch, warum manche Frauen sich durchsetzen und andere nicht. Die meisten sind nämlich sehr schnell mit Bitten zur Hand wie »Sei doch nicht immer so … !«, »Mach doch nicht immer … !«. Der Angesprochene weiß dann, was er *nicht* tun soll. Was er tun soll, wird ihm nicht gesagt. Warum nicht? Weil es Mühe macht, zu überlegen: »Bis wann spätestens brauche ich die Daten? Was ist früh genug für mich, aber nicht zu früh für ihn? Wo liegt der gesunde Kompromiss? Welchen Zeitpuffer brauche ich überhaupt?«

Einen negativen in einen positiven Wunsch zu verwandeln benötigt Denkarbeit. Wer sie leistet, wird eher mit einem erfüllten Wunsch belohnt.

Wenn es Ihnen hilft, nehmen Sie ein Blatt Papier und ziehen Sie in der Mitte einen Strich von oben nach unten. Links schreiben Sie Ihre Nicht-Wünsche auf, rechts die daraus abgeleiteten positiven Wünsche. Verwenden Sie bei Bedarf die sukzessive Approximation: Nicht immer ist der erste Wurf auf der rechten Seite auch Ihr endgültiger Wunsch. Viele Wünsche entwickeln sich erst beim Nachdenken. Ihre Annäherung (Approximation) an Ihren Wunsch ist schrittweise (sukzessive). Wenn Ihnen beim Schreiben auf der rechten Seite Zweifel an Ihrem Wunsch kommen: Dazu kommen wir später.

Die Magie des Wünschens

Haben Sie schon einmal gezielt abgenommen? Wer hätte das nicht. Wie gut hat's geklappt? Jede Frau hat wohl schon die Entdeckung gemacht:

A) »Ich muss dringend abnehmen!« Dieser Wunsch wird selten befriedigend erfüllt.
B) »Ich muss bis Ende Mai fünf Kilo abnehmen!« Dieser Wunsch wird eher erfüllt. Warum? Weil der zweite Wunsch im Gegensatz zum ersten sehr konkret formuliert ist. Konkrete Wünsche erfüllen sich eher als pauschale.

Die richtigen Worte entscheiden

Das bringt uns zu der erstaunlichen Erkenntnis: Die Wunschformulierung determiniert die Wunscherfüllung.

Ob sich ein Wunsch erfüllt, hängt davon ab, wie Sie ihn formulieren. Je konkreter Sie ihn artikulieren, desto sicherer geht er in Erfüllung. »Ich muss abnehmen!« ist viel zu pauschal, um wahr zu werden. »Bis Ende Mai fünf Kilo runter!« ist konkret genug, um sich eher und leichter zu erfüllen.

Die richtigen Worte entscheiden darüber, ob Ihr Wunsch sich erfüllt. Die Zauberformel des Magiers gibt es also tatsächlich.

Es gibt Worte, die wirklich Zauberkraft entfalten. Nur lauten sie nicht »Hokuspokus« oder »Abrakadabra«.

To do Übung macht die Meisterin. Suchen Sie sich einen Wunsch aus. Beginnen Sie mit einem kleinen Wunsch, der mit möglichst wenig inneren Hemmnissen belegt ist. Und nun beschreiben Sie ihn positiv und so konkret wie möglich:

....
....
....

Spüren Sie's? Schon allein die Ausformulierung Ihres Wunsches erfüllt Sie mit innerer Stärke und Durchsetzungswillen. Sie spüren förmlich, wie Sie Ihrem Wunsch innerlich näherkommen.

In der Kürze liegt die Würze

Vielleicht haben Sie es gerade auch erlebt: Sobald Sie Ihren Wunsch konkretisierten, fielen Ihnen jede Menge konkrete Details dazu ein. Eine Seminarteilnehmerin sagte über ihren Wunsch: »Er soll mir die Daten spätestens drei Tage vor Endtermin geben, aber natürlich so komplett, dass ich nicht drei Tage lang seine Fehler nacharbeiten muss, und möglichst nach Warengruppen geordnet.« Wie beurteilen Sie die Wahrscheinlichkeit der Wunscherfüllung? Sie ist sehr gering.

STOP Je länger, komplizierter und komplexer ein Wunsch ist, desto seltener wird er erfüllt.

Kurze, knappe und präzise Wünsche werden eher erfüllt. Auch diese Wunschkomprimierung benötigt etwas Nachdenken. Die erwähnte leitende Angestellte kam nach fünf Minuten Formulierarbeit auf folgende Kurzformel: »Lieber Michael, bitte liefere mir die Daten beim nächsten Mal spätestens drei Tage vor Endtermin – und zwar komplett und nach Warengruppen geordnet.« Michaels Reaktion war übrigens typisch:

»Wie? Warum jetzt plötzlich drei Tage vorher? Hat es nicht bisher immer einen Tag vorher gereicht?«

»Nein, eben nicht. Wenn du so spät ablieferst, muss ich bis spät in die Nacht die Daten aufbereiten!«

»Ach so, sag das doch gleich.«

Typisch, oder? Die Angestellte hat sich bislang mit ihrem Wunsch nicht durchgesetzt, weil sie dem Kollegen nie gesagt hatte, in welche Bedrängnis er sie jedes Mal brachte.

Vermeiden Sie Wunschfehler

Wenn die Formulierung eines Wunsches darüber entscheidet, ob er erfüllt wird, sollten wir unsere Worte weise wählen – und Formulierfehler vermeiden. Was halten Sie unter diesem Gesichtspunkt von folgenden Wunschäußerungen?

1. »Es wäre schön, wenn mir meine alten Jeans wieder passen würden!«
2. »Könnte mal jemand die Zahlen vom letzten Monat überprüfen?«
3. »An dieser Stelle des Reports fehlt noch eine Illustration.«
4. »Wenn der Kunde das so liest, dann kommt er mit der Bedienung des Geräts einfach nicht klar. Denn er fängt meist mit der Hauptfunktion an, bevor er sich mit dem Zubehör auseinandersetzt.«

Verständliche Wünsche? Sicher. Und sehr höflich formuliert. Typisch weiblich-diplomatisch, könnte man sagen. Werden die Wünsche erfüllt? Damit ist nicht zu rechnen. Warum? Weil jede Wunschformulierung unter einer Artikulationsschwäche leidet:

1. Der Zustandsfehler: »Es wäre schön, wenn mir meine alten Jeans wieder passen würden!« Sicher wäre das schön. Wird es dazu kommen? Eher nicht. Weil der Wunsch nicht sagt, wie ich zu diesem Ziel komme. Besser ist: »Ich möchte drei Zentimeter Taillenumfang durch Diät und Training verlieren.« Prozessbeschreibungen funktionieren als Wünsche besser als Zustandsbeschreibungen.

2. Weichmacher & Unverbindlichkeiten: »Könnte mal jemand die Zahlen vom letzten Monat überprüfen?« Wer soll das tun? Bis wann? Weil das nicht verbindlich gesagt wird, macht es auch keiner. Außerdem: Verwenden Sie für Wünsche nicht den weichspülenden Konjunktiv, sondern den Indikativ in Form einer Bitte: »Herr Meier, bitte ... «

3. Die Missstandsbeschreibung: »An dieser Stelle des Reports fehlt noch eine Illustration.« Wird die Illustration eingefügt? Nein. Die typische weibliche Klage darauf lautet: »Warum macht das keiner? Es sieht doch jeder, dass da was fehlt!« Sicher. Aber Sehen reicht nicht zur Wunscherfüllung. Sagen ist besser als Sehen: »Frau Müller, fügen Sie bitte bis morgen an dieser Stelle ... «

4. Die Erklärungstirade. Manchmal erklären wir einem Wunschpartner haarklein, was Sache ist. Wir glauben, dass er ohne diesen Hintergrund nicht weiß, warum wir etwas von ihm wünschen. Das mag sein, doch vor allem Männer bringen Erklärungstiraden in Rage. Sie denken: »Was will sie eigentlich von mir? Warum sagt sie mir nicht endlich klipp und klar, was sie von mir will?« Selbst Frauen missverstehen die Erklärungstiraden häufig, weil danach zwar das Warum und Wozu klar ist, nicht aber das Was und Wie.

Erklären Sie das Was und Wie so kompakt und konkret wie möglich. Das Warum und Wozu sollten Sie danach noch viel kürzer erklären. Ein, zwei Sätze genügen.

Arbeiten Sie an der Artikulation Ihrer Wünsche. Hören Sie sich selbst zu, wenn Sie sich etwas wünschen. Wenn der Wunsch nicht in Erfüllung geht, muss das nicht immer an den Umständen, Ihrem schwachen Willen oder dem missgünstigen Wunschpartner liegen. Fragen Sie sich erst einmal: Habe ich mich auch wirklich unmissverständlich ausgedrückt? Sie werden in neun von zehn Fällen feststellen: Ihre Wunschformulierung ist verbesserungsfähig. Je klarer, unmissverständlicher und konkreter Sie Ihren Wunsch formulieren, desto eher wird er erfüllt.

Was Ihre Zweifel Ihnen sagen möchten

Wenn Sie an Ihrer Wunschformulierung tüfteln, wird Ihnen höchstwahrscheinlich ein alter Bekannter begegnen, der Zweifel: »Das schaffe ich nicht, das steht mir nicht zu, was sollen die anderen von mir denken?«

 Verdrängen Sie Zweifel nicht. Schieben Sie sie nicht beiseite. Machen Sie sich keine Vorwürfe. Das alles macht Zweifel nur noch stärker – wie Sie sicher schon erlebt haben.

Zweifel nicht verdrängen, sondern verstehen

Was möchten Ihnen Ihre Zweifel sagen? Weil wir uns so wenig mit unseren Zweifeln konstruktiv auseinandersetzen, hier eine kleine Übersetzungshilfe der häufigsten Zweifel:
Weil wir uns so selten konstruktiv mit unseren Gedanken auseinandersetzen, ist auch der innere Dialog in Sachen Zweifel erst einmal gewöhnungs- und übungsbedürftig. Die Übung hat jedoch eine angenehme Nebenwirkung:

Zweifel	Fehlübersetzung	Was der Zweifel meint
»Das schaffst du nie!«	Ich schaffe das nicht.	Vielleicht solltest du das Ziel in kleinere Teilziele zerlegen und Schritt für Schritt angehen.
»Darauf wird er nie eingehen!«	Dann lass' ich's doch lieber bleiben …	Wenn er darauf nicht eingeht, auf welche Argumente würde er eher eingehen?
»Das hat noch nie geklappt!«	Warum also schon wieder eine blutige Nase holen?	Warum hat es nie geklappt? Wie kannst du diese Mängel vermeiden?
»Wie soll das denn gehen?«	Ich krieg das nicht hin!	Welche Ressourcen (Fähigkeiten, Unterstützung, Wissen, Geld …) brauchst du noch, damit es hinhaut?
»Das kriege ich nie auf die Reihe!«	Das wächst mir über den Kopf.	Wenn dir der Überblick fehlt, verschaffe ihn dir eben. Wenn das Problem komplex ist, betreibe Komplexitätsreduktion.
»Was sollen die anderen von mir denken?«	Die sind sauer auf mich!	Frag sie doch einfach mal!
»Ich kann das doch nicht so direkt sagen!«	Formulier' es lieber wieder indirekt, diplomatisch, mit vielen Weichspülern.	Sag es in der Sache klar und unmissverständlich – aber im Ton sehr liebevoll.

Je öfter Sie sich konstruktiv (!) mit sich selbst unterhalten, desto eher werden Sie sich eine gute Freundin. Und desto stärker wird Ihr Selbstwertgefühl.

Alle Zeit der Welt

In fast allen Ratgebern zur Wunscherfüllung können Sie Sätze lesen wie: »Setzen Sie sich selbst einen Termin, bis zu dem Sie das Ziel erreicht haben wollen.« Der offensichtliche Hintergedanke: Wenn wir uns keinen Termin setzen, dann wird der Wunsch erst am Sankt-Nimmerleins-Tag wahr. Leider sind die meisten Ratgeber nicht praxisgetestet. Aus meiner Trainings- und Coachingpraxis weiß ich: Die meisten Menschen haben ein großes Problem mit Terminen.

Zeit ist nichts Objektives, sondern sehr subjektiv

Natürlich werden gute Vorsätze zum neuen Jahr zu 98 Prozent nicht umgesetzt – weil ein ganzes Jahr als Realisierungszeitraum fast so unverbindlich ist wie der Sankt-Nimmerleins-Tag. Doch wenn Sie sich heute vornehmen würden: »Bis Ende der nächsten Woche nehme ich drei Kilo ab« – wie würden Sie sich dabei fühlen? Hand aufs Herz: unter Druck gesetzt. Viele empfinden diesen Druck als so unerträglich, dass sie deshalb ihren Wunsch gleich verwerfen: »Schaffe ich ja doch nicht!«

 Wählen Sie den Zeitpunkt, bis zu dem Sie Ihren Wunsch umgesetzt haben möchten, überlegt und konstruktiv. Finden Sie die Ihrem eigenen Zeitgefühl entsprechende Balance zwischen Sankt-Nimmerleins-Tag und Übers-Knie-Brechen. Wählen Sie jenen Zeitpunkt, mit dem Sie sich wohlfühlen, bei dem die Zweifel am kleinsten sind. Verlassen Sie sich dabei auf Ihr Gefühl und Ihren gesunden Frauenverstand.

Schreiben hilft enorm

Es gibt eine berühmte, aber leider selten zitierte US-Studie. Ein kompletter Abschlussjahrgang einer Nobelhochschule wurde nach seinen Zielen fürs Leben befragt. Alle Absolventen hatten natürlich Lebensziele für Familie und Beruf. Nur drei Prozent der Befragten jedoch hatten diese Ziele auch schriftlich formuliert. Nach 30 Jahren hielten diese drei Prozent sage und schreibe drei Viertel des Vermögens und des Einkommens des Jahrgangs.

Hexerei? Nein. Lediglich die normative Kraft des Faktischen, die magnetische Wirkung des geschriebenen Wortes. Schreiben steigert das Commitment, die Motivation, das Engagement und die Durchsetzungskraft für Ihre Wünsche auf unnachahmliche Weise. Probieren Sie's aus. Natürlich ist die Schreibhemmung für Ungeübte manchmal immens hoch. Auch bei Ihnen? Dann wählen Sie das Medium, mit dem es Ihnen am leichtesten fällt: Tagebuch, Notebook, Post-it, Kühlschranktür, Pinnwand ... Was ist es bei Ihnen? Probieren Sie es zuerst mit einem kleinen Wunsch aus. Sie können nichts dabei verlieren. Höchstens ein paar Sekunden fürs Niederschreiben.

Es hat sich übrigens gezeigt, dass die Schreibtechnik umso wirkungsvoller ist, je öfter Sie schreiben. Daher das so genannte Erfolgstagebuch: Schreiben Sie jeden Tag das auf, was Sie unternommen haben, um Ihrem Wunsch näherzukommen, und welche kleinen Erfolge Sie dabei erzielt haben. Nothing succeeds like success: Jeder kleine Erfolg ist Brennstoff für den nächstgrößeren. Zwei bis drei Zeilen pro Tag reichen völlig aus, um diesen Effekt zu erzielen.

Warum funktioniert das überhaupt? Ganz einfach: Wer schreibt, hat seinen Wunsch permanent vor Augen. Das Bewusstsein und das Unterbewusstsein verbünden sich zur gemeinsamen Zielerreichung. Frau tut einfach mehr für ihre Wünsche, wenn sie diese ständig vor Augen hat. Ich kenne etliche Frauen, die ihren aktuellen Wunsch (manchmal verschlüsselt) in den Bildschirmschoner eingegeben haben. Eine gute und wirksame Idee.

Schreiben erfüllt Wünsche

Führen Sie ein Wunschtagebuch!

Wo bleibt die Keule?

Manchmal fragen mich Frauen im Seminar oder im Coaching: »Ich denke, wir reden über Durchsetzungskraft – und jetzt behandeln wir lang und breit, wie ich meine Wünsche formulieren soll! Wann reden wir darüber, wie ich mit der Faust auf den Tisch haue?« Ich nenne das scherzhaft die Frage nach der Keule.

Sie dürfen gerne die Verbalkeule schwingen, wenn Sie sich durchsetzen möchten. Das ist möglich. Es ist jedoch weder nötig noch beziehungsfreundlich. Grob zu werden macht manchmal Spaß. Doch vergessen Sie nicht: Selbst wenn Sie sich knüppelhart durchsetzen – Sie müssen dafür immer zuerst herausfinden, was genau Sie durchsetzen möchten.

Und wenn Sie das nicht kompakt, unmissverständlich, konkret und möglichst schriftlich vorher festhalten, dann macht Ihre Knüppel-Arie Ihnen möglicherweise Spaß – doch es kommt nicht viel dabei rüber, weil der andere keine Ahnung hat, wovon Sie reden!

 Auch wer draufhaut, sollte sich klar darüber sein, was er konkret erreichen möchte!

Je klarer Sie sich artikulieren können, desto seltener müssen Sie rumzicken.

Es gibt einen so genannten Trade-off zwischen Klarheit und Draufhauen: Je klarer Sie Ihre Wünsche artikulieren (können), desto weniger und weniger oft müssen Sie draufhauen. Dieser Zusammenhang erklärt auch den viel beschworenen »Zickenterror«. Wenn unsere Wünsche allzu lange ignoriert werden, rasten wir manchmal (berechtigt) aus. Männer erschüttert so ein »hysterischer Anfall« oft bis ins Mark – auch wenn sie es uns gegenüber nicht zugeben. Unter sich geben sie es zu – und sagen meist: »Warum hat sie nicht viel früher schon klar gesagt, was sie will?« – »Das habe ich doch!«, protestieren viele Frauen. Ja, mit den bekannten, typisch weiblichen Andeutungen vielleicht. Diesen mangelt es jedoch an Klarheit.

Sagen Sie, wie wichtig es Ihnen ist

 Thea sagt mindestens zweimal die Woche zu Holger: »Du, sag mir doch Bescheid, sobald ein Auftrag reinkommt – und nicht erst, wenn du die Dispo dafür brauchst. Dann kann ich mich vorbereiten.« Holger sagt jedes Mal: »Ja, klar.« Tut er's? Nicht die Bohne. Typisch Mann? Typisch Frau, denkt Holger, als Thea nach Wochen fruchtlosen Bittens eines schönen Tages hammermäßig austickt. Bleich im Gesicht hört er sich ihre Tiraden an und sagt dann: »Aber warum hast du denn nicht gleich gesagt, wie wichtig dir das ist? Ich dachte, das ist nicht so wichtig!«

Sie finden, das hört sich verdächtig nach typisch männlicher Ausrede an? Das finden die meisten Frauen. Leider ist es das nicht.

 Kein Mensch kann alle Bitten erfüllen, die im Laufe eines Tages an ihn herangetragen werden. Er selektiert meist unbewusst jene mit Top-Priorität heraus. Also sagen Sie ihm/ihr, wie wichtig Ihnen Ihr Anliegen ist.

Diese simple Artikulation der eigenen Prioritäten erspart Ihnen so manches Ausrasten.

Steine im Weg

 Senta hat sich vorgenommen, jeden Morgen eine halbe Stunde zu joggen. Als ich sie nach zwei Wochen frage, wie fit sie schon ist, winkt sie ab: »Ich habe es nur drei Tage lang durchgehalten. Ich komme morgens einfach nicht so früh aus den Federn!«

Typischer Fall von mangelnder Durchsetzungskraft gegenüber dem eigenen inneren Schweinehund? Ja, aber das erklärt nicht, warum Senta sich nicht durchsetzen kann. Mangelt es ihr an Disziplin? Ist ihr Wille nicht stark genug? Das alles sind populäre Erklärungen, die nichts wirklich erklären – aber Senta ein höllisch schlechtes Gewissen machen und ihr Selbstwertgefühl zersetzen. Dabei hat Senta keinen schwachen Willen. Sie hat lediglich ein technisches Versäumnis begangen:

 Wenn Sie über einen Wunsch nachdenken, denken Sie auch gleich über die ersten fünf Probleme der Umsetzung nach.

Senta hat sich vom ersten Hindernis aus der Bahn und zurück ins Bett werfen lassen. Warum? Weil sie »so faul« ist, wie sie sagt? Nein, weil sie schlicht nicht damit gerechnet hat. Das klingt absurd, ist aber normal: Wenn wir an Wünsche denken, blenden wir Hindernisse meist unbewusst aus. Blenden Sie sie wieder ein und fertigen Sie für jeden Wunsch eine Liste mit fünf Hindernissen an. Das reicht schon, um auf gute Ideen zu deren Überwindung zu kommen. Senta zum Beispiel sagt: »Mensch, dann jogge ich eben abends! Das packe ich eher!«

Eine ganz spezielle Art von Hindernissen räumen wir in Kapitel 6 aus dem Weg: Einwände von Menschen, deren Unterstützung Sie für Ihre Wunscherfüllung benötigen. Übrigens: Wenn Sie im Management arbeiten, werden Sie das eben geschilderte Vorgehen unter dem Begriff Risk Management kennen.

 Hindernisse sind nicht etwas Störendes auf dem Weg zur Wunscherfüllung. Umgekehrt wird ein Schuh daraus: Hindernisbeseitigung ist Wunscherfüllung. Wenn Sie stur alle Hindernisse auf Ihrem Wunschweg überwinden, kommen Sie automatisch ans Ziel. Das ist keine Kalenderblatt-Psychologie, sondern ein wissenschaftliches Prinzip, das unter dem Begriff »Engpassorientierte Strategie« bekannt ist.

Seien Sie flexibel!

 Regine hat sich in den letzten Monaten halb kaputtgeschuftet. Sie will dringend eine »Azubine«, die ihr wenigstens die einfachen Arbeiten abnehmen kann. Der Chef winkt ab: »Wir haben schon zwei. Mehr geht nicht.« Regine kommt mit rauchenden Nüstern ins Coaching: »Ich ärgere mich nicht über den Chef. Ich ärgere mich über mich selbst!« Warum? »Ich gehe mit einem Vorschlag zum Chef, und als er ablehnt, stehe ich da wie die Susi vom Lande. Bin ich jetzt völlig meschugge?« Ich beruhige sie erst mal: Sie ist nicht meschugge. Sie hat einen der beliebtesten Durchsetzungsfehler gemacht:

 Wer nur mit einem einzigen Vorschlag in eine Verhandlung geht, hat ein Problem. Wer mit zweien geht, hat ein Dilemma. Erst bei dreien beginnt die Flexibilität.

Bevor Sie einen Wunsch an einen Menschen herantragen, überlegen Sie sich mindestens drei Optionen.

Regine lässt sich sofort einen neuen Termin beim Chef geben und nimmt eine Reihe von neuen Vorschlägen mit, die sie sukzessive vorbringen möchte, wenn der Chef den ersten verwirft: »Wie wäre es mit einer Teilzeitkraft?«, »Was halten Sie von einer stundenweisen Aushilfe?«, »Wäre es möglich, dass einer der Azubis meine Ablage macht?«.

Tipp Je mehr Optionen Sie in eine Verhandlung mitbringen, desto eher wird eine davon angenommen. Wer flexibel ist, dessen Wünsche gehen eher und schneller in Erfüllung!

Schreiben Sie sich Ihre Optionen ruhig auf einen Spickzettel. So etwas muss frau sich nicht im Kopf merken.

Wunschkiller

Auch das, was Sie über einen Wunsch denken, determiniert dessen Erfüllung. Oft denken wir spontan und unreflektiert über einen Wunsch:

- ❏ »Zu aufwändig!«
- ❏ »Zu problematisch!«
- ❏ »Das akzeptiert er/sie nie!«
- ❏ »So wichtig ist mir das doch nicht!«
- ❏ »Dauert zu lange!«
- ❏ »Keine Zeit!«
- ❏ »Kann ich nicht!«
- ❏ »Haut nicht hin!«

Frauen überschätzen Mühe, Risiko, Hemmnisse und Zeitaufwand von Wünschen oft.

Das Vertrackte an dieser Überschätzung: Sie liegt meist nicht in Form von Gedanken, sondern als miese Gefühle vor. Wir denken an einen bestimmten Wunsch – und schon beschleicht uns dieses miese Gefühl, das uns den Wunsch aufgeben oder verschieben lässt.

Wenn Sie beim Gedanken an einen Wunsch ein mieses Gefühl beschleicht, belassen Sie es nicht beim Gefühl. Hinterfragen Sie es: Welche Gedanken stecken hinter diesem Gefühl? Und wie realistisch sind diese Gedanken wirklich? Dorothea zum Beispiel sagt: »Täglich denke ich dutzendfach ganz automatisch: ›Dafür hast du jetzt keine Zeit!‹ Wenn ich mich dabei ertappe, stelle ich oft fest, dass der Wunsch in zwei Minuten erfüllt wäre! Und zwei Minuten hat man immer!«

Von der Sehnsucht

 Je stärker ein Wunsch mit positiven Gefühlen »aufgeladen« ist, desto eher werden Sie ihn sich erfüllen.

Das haben Sie sicher schon beobachtet: Dinge, an denen Sie mit geradezu schwärmerischem Sehnen hängen, erfüllen sich eher. Im Gegensatz zu Vorhaben, die Ihnen glatt am Senkel vorbeigehen oder die Sie unbedingt haben müssen oder deren Fehlen Ihnen als unerträglicher Mangel vorkommt; kurz: die mit Gefühlen des Mangels, mit negativen Gefühlen aufgeladen sind. Was die Dichter aller Jahrhunderte schon lange besangen, bestätigt auch die moderne Psychologie: Sehnsucht ist was Gutes.
Stellen Sie sich vor, Ihr Wunsch ist erfüllt. Was fühlen Sie? Genau welche Gefühle? Kosten Sie diese Gefühle bis in die Euphorie hinein aus. Je öfter, desto wirksamer. Schon mehrmals einige Sekunden am Tag genügen.
Natürlich werden sich sofort die Zweifel melden: »Hirngespinste! Hör doch auf damit!« Bieten Sie Ihren Zweifeln einen Kompromiss an: »Lass mich 60 Sekunden lang im Vorgefühl der Wunscherfüllung schwelgen! Der Rest der Stunde gehört dann wieder dir!« Der Zweifel wird akzeptieren – und die Sehnsucht wirkt trotzdem. Weil gute Gefühle so viel stärker sind als Bad Feelings.

Self-Modelling

Viele Frauen sind extrem durchsetzungsstark – bei der Erziehung der Kinder, der Pflege des häuslichen Umfelds, bei der Wahl ihrer Kleidung, bei der Ernährung oder der Wahl des nächsten Urlaubsortes. Nicht umsonst schmeißt die Frau auch in unseren aufgeklärten Zeiten oft genug immer noch den Haushalt: Da redet ihr »der Alte« nicht drein – und wenn, zieht er ruckzuck den Kürzeren. Weil sie sich durchzusetzen weiß. In welchem Kontext Ihres Lebens

setzen Sie sich tadellos durch? Überlegen Sie ruhig länger, falls Ihre anerzogene Bescheidenheit Ihnen die Erinnerung erschwert.

 Übertragen Sie Ihre Durchsetzungsstärke aus dem starken Kontext in den schwachen Kontext.

Das nennt man auch Self-Modelling. Folgende Fragen helfen Ihnen dabei, sich selbst als Vorbild zu nehmen:

❑   Wie setzen Sie sich in Ihrem starken Kontext durch?
❑   Was tun Sie stattdessen im schwachen Kontext?
❑   Welche Verhaltensweisen und Einstellungen möchten Sie vom starken in den schwachen Kontext transferieren?

Tun Sie beim nächsten Mal im schwachen Kontext so, als ob Sie sich in der starken Situation befinden. Das muss nicht sofort hundertprozentig hinhauen. Jeder kleine Fortschritt ist willkommen!

Eine Frage der Einstellung

Sie haben sich Ihren Wunsch zurechtgelegt, unmissverständlich formuliert, die Gelegenheit zur Wunschäußerung kommt – und Sie kriegen den Mund mal wieder nicht auf? Machen Sie sich keine Vorwürfe. Das kann passieren.

Auch die Wunschartikulation ist eine Sache der Einstellung. Legen Sie sich eine motivierende Einstellung zurecht. Einstellungen sind hoch individuelle Helfer. Sie wirken nur, wenn sie zu Ihnen passen. Also verwenden Sie viele gute Gedanken an Wahl und Ausformulierung Ihrer Einstellung. Hier eine kleine Auswahl zum Abgucken, Anregen und Modifizieren:

❑   »Ich habe das Recht, meine Wünsche zu äußern. Ich gestehe aber anderen Menschen das Recht zu, meine Wünsche nicht zu mögen.«

- ❑ »Was ist schon dabei? Niemand wird mir den Kopf deswegen abreißen!«
- ❑ »Wenn alle dagegen sind, dann lächle ich eben freundlich – und überleg mir was anderes!«
- ❑ »Frisch gewagt ist halb gewonnen!«
- ❑ »Das ist mir wichtig, also setze ich das auch durch.«
- ❑ »Fragen kostet nichts.«
- ❑ »Das wäre doch gelacht, wenn ich das nicht hinkriegen würde.«
- ❑ »Ich will nie wieder abhängig sein!«
- ❑ »Ich warte nicht auf den Märchenprinzen. Ich mache mein eigenes Ding.«
- ❑ »Es gibt einen Weg, und ich werde ihn finden.«
- ❑ »Selbst wenn ich wenig tun kann, werde ich das Wenige tun.«

Sprung in der Platte

Manchmal reicht es aus, einen Wunsch einmal auszusprechen, um ihn durchzusetzen. Aber rechnen Sie nicht damit. Viel häufiger höre ich: »Jetzt habe ich ihm doch klipp und klar gesagt, was ich von ihm erwarte – und er tut das immer noch nicht!«

STOP Wenn einer nicht tut, worum sie ihn gebeten haben, denken Frauen oft spontan: »Dem bin ich wohl nicht wichtig genug!«, »Der hat was gegen mich!«, »Der mag mich nicht!«, »Der lässt mich auflaufen!«. Diese Gedanken sind verständlich – aber bis zum Beweis des Gegenteils einfach nur übersensible Unterstellungen. Versuchen Sie es lieber erst einmal mit etwas ganz Schlichtem: Wiederholung.

Die meisten Menschen machen nicht, was frau einmal zu ihnen sagt. Wiederholen Sie Ihre Bitte oder Forderung einfach!

Wie oft? So oft wie nötig. Das hängt nicht von Ihnen ab, sondern vom Schwellenwert Ihres Ansprechpartners. Sie kennen sicher Ihre

Pappenheimer: Der eine schnallt's schon beim ersten Mal, der andere braucht zwei Erinnerungen, der dritte braucht zwei Erinnerungen pro Tag …

Sie kommen sich kindisch dabei vor, einem erwachsenen Menschen ständig dasselbe sagen zu müssen? Dann denken Sie an Cato den Älteren. Auch er sagte bei jeder sich bietenden Gelegenheit »Ceterum censeo Carthaginem esse delendam« (Im Übrigen meine ich, dass Karthago zerstört werden muss). Wenn ein Senator sich nicht zu schade für Wiederholungen ist, kann es Ihnen auch nicht schaden. Auch wenn Sie sich wie eine Platte mit Sprung vorkommen: Steter Tropfen höhlt den Stein.

> **z.B.** Das Wiederholen eigener Wünsche ist gewöhnungsbedürftig – und eindeutig eine weibliche Schwäche (im beruflichen Kontext!). Diesbezüglich hatte ich jüngst wieder mal ein Aha-Erlebnis. Als ich einem guten Bekannten und Geschäftsführer eines Unternehmens klagte, dass ein Geschäftspartner wiederholt nicht das Konzept vorlegen konnte, das ich mir wünsche, meinte er lapidar: »Ich hoffe, du trittst ihm regelmäßig kräftig auf die Zehen, damit er endlich rüberkommt.« Ich fragte: »Wie stellst du dir das vor? Ich kann doch nicht alle zwei Wochen dort anrufen und fragen, ob sich noch immer nichts getan hat?« Darauf der Geschäftsführer: »Was heißt alle zwei Wochen? Dem würde ich jede Woche zweimal auf die Nerven gehen – bis er endlich liefert!«

Nett, höflich und zurückhaltend zu sein ist gut und schön. Aber wenn es nötig ist und Sie weiterbringen kann, sollten Sie auch auf die Nerven gehen können.

Ein Lieferant gestand mir einmal unumwunden, dass er mich mit einer besonders diffizilen Lieferung nur deshalb nach anfänglichen Verzögerungen so zügig beliefert hatte, »damit ich endlich Ruhe vor Ihnen habe! Ist doch auch kein Spaß, wenn ich morgens aufstehe und mein erster Gedanke ist: Oje, heute ruft die Topf

wieder an – und die Sache ist immer noch nicht fertig!« Wir lachten herzlich über seine Offenheit, ich bedankte mich überschwänglich bei ihm für sein Zuvorkommen – und beide waren zufrieden.

Checkliste: Den Wünschen Worte geben

Hier nochmals die wichtigsten Punkte des Kapitels auf einen Blick. Sie werden ein Anliegen umso leichter und schneller durchsetzen, je eher Sie über Ihren Wunsch sagen können:

❏ Ich weiß nicht nur, was ich nicht will. Ich weiß auch, was ich stattdessen möchte.

❏ Ich kann meinen Wunsch in einem Satz (höchstens zwei) formulieren.

❏ Mein Wunsch ist konkret (statt pauschal) formuliert.

❏ Ich habe mir für den Wunsch einen realistischen Termin gesetzt.

❏ Ich sage, wie wichtig mir dieser Wunsch ist.

❏ Ich wiederhole meinen Wunsch gegebenenfalls – so oft es nötig ist.

❏ Ich habe mich mit meinen Zweifeln auseinandergesetzt und ihre versteckten konstruktiven Hinweise aufgenommen.

❏ Ich mache mir so viele gute Gefühle über meinen Wunsch, dass es mir leicht fällt, ihn zu verfolgen.

❏ Ich habe die vorhersehbaren Hindernisse meiner Wunscherfüllung antizipiert.

❏ Ich habe mir mehrere Ausweichoptionen zurechtgelegt.

❏ Ich habe meinen Wunsch aufgeschrieben und schreibe jeden Tag zwei, drei Zeilen Erfolgstagebuch.

3 Weibliche Durchsetzungs-Strategien

Nothing changes, 'till it changes in me.
Anastacia

Nur Herzenswünsche werden wahr!

Schauen Sie sich um: Wer in Ihrer Umgebung hat sich in den letzten Monaten einen lang gehegten Wunsch erfüllt, ein Ziel erreicht? Ich erinnere mich noch gut an einen kleinen, dicken Jungen aus der Nachbarschaft, der eines Tages allen Leuten erzählte, dass er fortan nicht mehr das Dickerchen vom Dienst sein möchte. Als ich ihn nach etlichen Wochen wiedersah, traute ich meinen Augen kaum: Aus der Kugel mit Beinen war ein fast schon schlanker, durchtrainierter Junge geworden. Er sagte: »Ich bin jetzt Mitglied in zwei Sportvereinen, jogge jeden Tag eine halbe Stunde und stemme Gewichte in unserem Kellerraum.«

Meine Tochter kam eines Tages nach Hause und sagte: »Mit diesen Noten bekomme ich nie den Studienplatz, den ich möchte. Die Fünf in Mathe muss weg, weg, weg!«

Was haben beide Kinder gemeinsam? Ihren Nachdruck, ihre Begeisterung und ihren Einsatz. Sie versprühen einen geradezu ansteckenden Enthusiasmus für ihr jeweiliges Ziel. Wir würden Geld darauf setzen, dass beide sich durchsetzen – ganz im Gegensatz zu Menschen, die uns über ihre Ziele sagen:

❑ »Ich wollte täglich joggen gehen – wegen der Figur. Aber gestern und heute ist mir etwas dazwischengekommen.«

Von Vorbildern lernen

❑ »Seit Wochen will ich die Projektliste mit dem Chef durchgehen. Aber irgendwie haben wir noch nicht den richtigen
Zeitpunkt erwischt.«

❑ »Ich hätte so gern eine Stunde Mittagspause, aber immer
gerade dann rufen die Kunden an!«

Wer nicht mit dem Herzen dabei ist, dem kommt ständig was
dazwischen.

Eine Freundin meiner Tochter, die ein ähnliches Notenproblem
hatte, sagte: »Natürlich muss ich von der Fünf runter, wenn ich mal
eine gute Ausbildungsstelle bekommen möchte.« So redet der Kopf.
Meine Tochter dagegen sagte: »Die Fünf muss weg, weg, weg!« Mit
diesem Nachdruck redet das Herz. Hinter welchem Wunsch
stecken mehr Emotionen, mehr Enthusiasmus? Welcher Wunsch
geht eher in Erfüllung?

 Nicht die Priorisierung des Kopfes macht Wünsche wahr,
sondern die Priorisierung des Herzens. Sobald Ihr
Wunsch ein Herzenswunsch ist, wird Sie Ihr Enthusiasmus beflügeln. Gefühle sind Flügel für Wünsche.

Die emotionale Priorisierung

Durchsetzen braucht beides: Herz *und* Verstand

Natürlich müssen wir kühl und sachlich Ziele setzen und unser
Vorgehen überlegt planen. Doch wie weit kommen wir mit dem
Verstand allein, wenn das Herz nicht bei der Sache ist?

 Sie setzen sich erfolgreich durch, wenn Sie mit Herz und
Verstand bei der Sache sind.

Was kommt Ihnen ständig dazwischen?

Menschen, die sich durchsetzen, sind mit ganzem Herzen dabei. Sie
sind emotional voll auf ihr Ziel fokussiert. Menschen, die sich nicht
besonders erfolgreich durchsetzen, kommt dagegen ständig irgendetwas dazwischen. Warum ist das ein Frauenproblem? Weil wir
multitaskingfähig sind. Es ist eine typisch weibliche Stärke, dass wir

fünf Dinge gleichzeitig tun können. Täglich bearbeiten wir hundert Baustellen parallel, rennen so vielen Dingen hinterher – auch den völlig nebensächlichen. Da verlieren wir leicht die Fragen aus den Augen, die wir uns täglich, stündlich, manchmal minütlich stellen sollten:

❑   Was ist mir wirklich wichtig?
❑   Woran hängt mein Herz gerade am meisten?
❑   Was würde mir richtig viel Freude machen?
❑   Was brauche ich jetzt gerade für mein Wohlergehen?

Spüren Sie es? Schon allein die Frage nach der Emotionalität lädt Ihren Wunsch mit neuer Kraft auf. Kraft, die aus dem Herzen kommt.

> Sobald Sie mit dem Herzen dabei sind, werden Sie fühlen, was Ihnen wirklich wichtig ist, und entschlossener Ihr Ziel verfolgen. Wer fühlt, was wichtig ist, lässt sich nicht so leicht vom Weg abbringen.

Was wir brauchen, ist weniger eine intellektuelle als eine emotionale Priorisierung. Der Verstand kann uns noch so lange mit den überzeugendsten Argumenten klarmachen, dass ein Ziel wichtig für uns ist. Wenn wir diese intellektuelle Priorisierung nicht auch emotional spüren, werden wir uns nicht oder nur mit größter Disziplin und Anstrengung damit durchsetzen.
Es nützt wenig, wenn Ihr Verstand Sie mahnt, dass Sie sich in einem bestimmten Punkt doch endlich durchsetzen müssten. Sie kennen sicher diese ganzen Sollte-Ermahnungen: Du solltest dringend mal mit dem Chef reden! Du solltest endlich fünf Kilo abnehmen! Du solltest dich mal gründlich mit der neuen IT auseinandersetzen! Du solltest endlich die Ablage in Ordnung bringen!
Der Verstand liefert auch gleich völlig plausible und zwingende Gründe mit: Du kannst den Auftrag nie pünktlich abliefern, wenn

der Chef nicht endlich seine Zustimmung dazu gibt! Der Sommer kommt – die fünf Kilo müssen runter!

Der Verstand diszipliniert, das Herz motiviert

Doch all diese plausiblen Begründungen motivieren wenig, nicht wahr? Sie motivieren weniger, als sie unter Druck setzen. Das haben Sie auch schon gespürt. Wie haben Sie darauf reagiert? Sie haben sich vielleicht Vorwürfe gemacht, weil Ihre Disziplin nicht eisern genug ist – und der Verstand hat gleich noch eine Wagenladung plausibler und zwingender Gründe abgeladen. Das ist der falsche Weg: Es fehlt nicht an Intellekt, sondern am Affekt. Mehr Gefühl! Je mehr und stärkere Gefühle Sie für Ihren Wunsch entwickeln, desto eher setzen Sie sich durch. Das entscheidende Wort dabei ist »entwickeln«. Gefühle kommen entgegen landläufiger Meinung nicht von selbst. Sie wollen geweckt, entwickelt und genährt werden.

Gefühle wecken

Es gibt viele Arten, die nötigen Gefühle für Ihre Wünsche und Ziele zu wecken. Probieren Sie alle mal aus und wählen Sie die für Sie Besten aus – ruhig auch in Kombination:

❑ Warum ist Ihnen Ihr aktueller Wunsch wichtig? Was würde sich für Sie dabei erfüllen? Stellen Sie es sich vor.

❑ Wie gut würden Sie sich fühlen, wenn der Wunsch sofort in Erfüllung ginge? Warum? Fühlen Sie sich in den Zustand der Wunscherfüllung hinein.

Gefühle haben wir alle – wir nutzen sie nur leider zu wenig

❑ Wenn Sie Dringliches mit Herzenswünschen vergleichen – worüber werden Sie sich in einem Jahr mehr freuen?

❑ Welches Gefühl löst es bei Ihnen aus, wenn Sie sich mit Ihrem aktuellen Ziel durchsetzen würden? Wo sitzt es? Legen Sie die Hand auf die Körperstelle: Das Gefühl wächst.

❑ Versuchen Sie, das positive Gefühl zu verstärken. Wie fühlt es sich an? Zum Beispiel schwer und warm? Dann machen Sie es noch schwerer und wärmer! Arbeiten Sie mit Ihren Gefühlen. Lassen Sie sich von Ihnen tragen.

Gefühle für sich arbeiten lassen – das nennt man auch emotionale Intelligenz. Hier haben Frauen Männern klar etwas voraus: Frauen sind emotional intelligenter. Nutzen Sie diesen Vorteil!

Ziel – Strategie – Taktik

Es tut mir leid, das sagen zu müssen, aber Frauen sind strategisch etwas unterbelichtet – ich nehme mich da keineswegs aus. Wir fangen täglich ein Dutzend Dinge gleichzeitig an, ohne uns viel Gedanken über die erfolgversprechendste Vorgehensweise zu machen. Ich ertappe mich immer wieder dabei, wie ich mich auf meiner Aufgabenliste vor lauter Hektik selbst überhole und bei jeder fünften Aufgabe frage: Was machst du da eigentlich? Ist das jetzt wirklich wichtig? Welches ist überhaupt dein Ziel? Und hast du dafür auch den besten Weg gewählt?

Durchsetzen im Dreisatz

A) Wer ein Ziel erreichen will, braucht erst mal eines.
B) Zum Ziel führen viele Wege. Welchen wählen Sie?
C) Welche Hilfsmittel benötigen Sie für die Zielerreichung?

Oder in der Sprache der Managementlehre formuliert:

❑   Zielsetzung: Was will ich erreichen?
❑   Strategieformulierung: Wie will ich es erreichen?
❑   Taktikwahl: Mit welchen Mitteln kann ich es erreichen?

Viele Frauen stellen sich diese drei Fragen nicht – und wundern sich dann, warum sie sich mit ihren Zielen, Wünschen und Interessen nicht durchsetzen.

STOP Wenn Sie diese drei Fragen nicht stellen, sabotieren Sie sich selbst. Ohne diese drei Fragen wird es ungeheuer schwer, sich durchzusetzen.

In diesem Kapitel betrachten wir einige Strategien (im nächsten dann die Taktiken). Je mehr Sie davon zur Auswahl haben, umso besser für Sie: Flexibilität bei der Strategiewahl erhöht Ihre Durchsetzungskraft. Außerdem sollten wir über einige typisch weibliche Strategien der Selbstsabotage reden – damit Sie sich nicht länger selbst im Wege stehen.

Auf halbem Weg entgegenkommen

Die Kompromiss-Strategie ist typisch weiblich: Frau geht ihrem Verhandlungspartner den halben Weg entgegen. Ein wenig Entgegenkommen hat schließlich noch keinem geschadet, oder? Doch. Fast allen Frauen.

STOP   Hüten Sie sich davor, Männern entgegenzukommen.

Da Entgegenkommen eine typisch weibliche Strategie ist, verstehen sie auch meist nur Frauen. Wenn zwei Frauen miteinander verhandeln und die eine Kompromissbereitschaft signalisiert, geht die andere meist darauf ein und revanchiert sich, indem auch sie ihr die Hälfte des Wegs entgegengeht. Männer machen das Gegenteil. Sie missverstehen das Entgegenkommen als Schwäche: »Die Alte wird weich! Mal sehen, was ich da noch rausschlagen kann.« Das machen Männer nicht, weil sie Frauen gerne unterdrücken – auch wenn das die Emanzenliteratur oft behauptet. Das machen Männer, weil sie konkurrenzorientiert und kompetitiv denken.

Frauen denken kooperativ, Männer kompetitiv

Frauen dagegen denken von Haus aus eher kooperativ. Das Resultat jedoch bleibt dasselbe: Wenn eine Frau auf halbem Weg entgegenkommt, bleibt der Mann sofort stehen und erwartet, dass sie ihm auch noch den Rest des Weges entgegenkommt. Aus einem beabsichtigten 50:50-Kompromiss wird auf diese Weise schnell ein 25:75-Kompromiss zuungunsten der Frau.

Da Entgegenkommen eine typisch weibliche Strategie ist, setzen wir sie meist unbewusst ein. Wir bemerken noch nicht einmal richtig, dass wir

Bevor Sie jemandem entgegengehen, überlegen Sie sich, wem Sie da entgegengehen wollen!

es tun. Wir bemerken höchstens: »Jetzt bin ich ihm aber sehr viel weiter entgegengekommen als er mir!« Dann ist es zu spät. Deshalb: Wählen Sie Ihre Durchsetzungs-Strategie stets bewusst. Unreflektiertes Entgegenkommen schadet meist. Manche Menschen nutzen Ihr Entgegenkommen einfach nur aus; meist sind es Männer. Es gibt auch Ausnahmen. Doch genau das will ich damit sagen: Entscheiden Sie bei jedem Verhandlungspartner neu, ob Sie Entgegenkommen zeigen wollen. Machen Sie es nicht automatisch und unbewusst!

STOP Wenn Frauen mit Männern verhandeln, stellen sie sich oft selbst ein Bein. Sie kommen ihnen auch deshalb weiter entgegen, als ihnen gut tut, weil sie (manchen) Männern insgeheim gefallen wollen oder nicht gegen den projizierten Übervater rebellieren möchten. Beides sind gefährliche Verführungen.

Doch sie können nur wirken, wenn Sie es zulassen. Beobachten Sie sich bei Ihrem Durchsetzungsversuch selbst und fragen Sie sich: »Was läuft hier gerade ab? Warum komme ich ihm mehr entgegen, als mir eigentlich gut tut? Möchte ich sein Darling sein, mit ihm etwas anfangen oder möchte ich meine Ziele durchsetzen? Was ist mir wichtiger?« Diese bewussten Fragen schalten den unbewussten Darling-Reflex aus. In hartnäckigen Fällen hilft auch ein Coach (selbstverständlich ein weiblicher).

Die Harvard-Strategie: Hart und weich zugleich

Die an der gleichnamigen US-Universität entwickelte weltberühmte Verhandlungs-Strategie ist nicht nur eine der am weitesten verbreiteten und erfolgreichsten Strategien. Sie ist im Gegensatz zur »Hau-drauf-Strategie« des typischen Mannes für Frauen in geradezu idealer Weise geeignet, weil sie

Die ideale Strategie für Frauen – und Männer!

❏   eine harte Komponente zur Durchsetzung
❏   und eine weiche Komponente zur Beziehungspflege

in sich vereint. Die bekannte Kurzformel der Strategie lautet: *Hart in der Sache, weich zur Person.*

z.B. Angenommen, Mitarbeiter Meier ist mit einigen wichtigen Dokumenten überfällig. Dann wird der typische männliche Vorgesetzte vielleicht sagen: »Meier, bis morgen liegt das Konzept auf meinem Tisch, sonst werde ich ungemütlich!« Sie bekommen schon beim Lesen ein ungutes Gefühl? Das geht vielen Frauen so. Eine typische weibliche Vorgesetzte würde nach der Weichspülermethode vielleicht sagen: »Herr Meier, was ist los? Sie haben wohl gerade viel um die Ohren? Wie weit sind Sie mit meinem Konzept? Schaffen Sie das noch bis morgen?« Sicher nicht, denn bei diesem Gesäusel kann es der Vorgesetzten ja nicht so wichtig sein – denkt sich der Mitarbeiter, der härtere Töne gewöhnt ist (von seinen männlichen Kollegen).

Mit der Harvard-Strategie klingt das schon anders: »Herr Meier, ich brauche morgen bis spätestens 10 Uhr das komplette Konzept (hart in der Sache). Ich weiß, Sie haben gerade mächtig viel um die Ohren (weich zur Person). Aber es hilft alles nichts: Ich brauche morgen das Papier.« Das hilft Herrn Meier nicht viel? In der Sache nicht, doch in der Beziehung: Er fühlt sich verstanden. Und Verständnis motiviert.

Das liest sich sehr gefällig. Doch wer es nicht gelernt hat, auf diese Weise zu reden, tut sich anfangs schwer damit. Wie fällt es Ihnen leichter? Indem Sie üben.

Erfahrungsgemäß fällt die harte Komponente Frauen schwerer als die weiche. Ihnen auch? Dann machen Sie es sich ein wenig leichter: Die härteste Sache wird für den Angesprochenen wesentlich leichter, wenn Sie sie als Bitte formulieren.

Denken Sie sich fiktive Anlässe aus oder suchen Sie welche aus der Vergangenheit aus oder wählen Sie welche, die in der Zukunft wahrscheinlich auf Sie zukommen werden, oder üben Sie im privaten Kontext:

❑ Überlegen Sie sich, was Sie normalerweise sagen würden oder gesagt haben.
❑ Überlegen Sie kurz: zu weich oder zu hart?
❑ Ergänzen Sie mit einer passenden Formulierung die fehlende oder untergewichtete Komponente.
❑ Finden Sie eine authentische und gleichzeitig wirksame Balance zwischen »weich zur Person und hart in der Sache«.

Balancieren Sie Sach- und Beziehungsebene aus!

Als Bitte ohne Wenn und Aber: »Herr Meier, bitte legen Sie mir Ihr Konzept bis spätestens morgen 10 Uhr auf den Schreibtisch.« Wenn Sie es noch freundlicher machen wollen, fügen Sie ein »Danke« an. Aber verwässern Sie Ihre Bitte nicht wieder mit den üblichen Weichmachern wie dem Konjunktiv (»… könnten Sie …?«), einer Verneinung (»… könnten Sie nicht …?«) oder Relativierungen wie »… vielleicht mal …?«. Es geht um beides: Person und Sache. Halten Sie stets die Balance zwischen beidem.

Viele Frauen versuchen, sich zu stark beziehungsorientiert durchzusetzen. Sie auch? Dann gehen Sie ein wenig mehr in die andere Richtung. Nur ein wenig! Sie müssen den anderen nicht gleich vor den Kopf stoßen. Fangen Sie mit kleinen Schritten an. Sie werden merken: Die Beziehung verträgt das. Der andere kann das ab. Selbst wenn er es nicht kann: Zurückgerudert sind Sie schnell ein Stück. Sie können jederzeit jeden Schritt auch wieder rückwärts gehen.

Werden Sie in kleinen Schritten härter

Männer verhandeln oft zu 100 Prozent sachorientiert – und richten beziehungsmäßig ein Blutbad an, was ihnen die sachliche Durchsetzung beim nächsten Mal erschwert. Frauen verhandeln oft zu 100 Prozent beziehungsorientiert – und setzen sich nicht durch. Beides sind schlechte Strategien. Nur eine ausbalancierte Strategie ist eine nachhaltig erfolgreiche Strategie.

Sie sitzen im Abteil im Zug am Fenster und möchten, dass die Person, die der Tür am nächsten sitzt, diese Türe schließt.

a) Welche Variante: »Könnten Sie eventuell mal die Türe schließen?«
b) Sachorientierte Variante: Wortlos zur Türe beugen (über die anderen hinweg) und selbst die Türe schließen.
c) Ausbalancierte Variante:

....

Die Win-Win-Strategie: Alle gewinnen!

Raten Sie mal: Mit welcher Strategie setzen Sie sich schneller durch?

A) Wenn Sie beinhart verhandeln und dem Verhandlungspartner Ihre Position aufzwingen.
B) Wenn Sie kooperativ so verhandeln, dass alle mit der Lösung leben können.

In Seminaren sagen die meisten Teilnehmer: »Die harte Linie ist schneller. Bis ich mit der weichen nämlich alle im Boot habe – das dauert doch viel zu lange!«
Das ist ein typischer strategischer Irrtum. Denn wenn Sie den Partner über den Tisch ziehen wollen, wehrt sich dieser natürlich – und dieses zähe Ringen kostet sehr viel mehr Zeit, Kraft, Nerven und Ergebnis als eine kooperative Vorgehensweise wie die Win-Win-Strategie.

 Die Win-Win-Strategie: Wenn alle gewinnen, kommen Sie leichter und schneller ans Ziel.

Von dieser Strategie hat jede(r) schon mal gehört. Das Problem ist nur: Hören reicht nicht. Die meisten, die von der Strategie gehört haben, wissen überhaupt nicht, wie man/frau eine Win-Win-Situation herstellt. Dabei ist das herzlich simpel: Wenn Sie etwas haben wollen, muss auch der Partner etwas davon haben.

Das kann ein Ausgleich oder ein immanenter Nutzen sein.

 Nele wünscht sich von ihrem Chef seit Wochen ein Notebook für Kundenbesuche. Sie hat ihn darauf aufmerksam gemacht, dass das ihre Arbeit erleichtern würde. Damit hat sie sich nicht durchgesetzt, weil der Chef meinte: »Wir haben kein Geld dafür!« Dann hat sie ihm gesagt, dass es branchenüblich ist. Selbes Resultat. Danach wollte sie aufgeben. Im Coaching fragte ich sie, wie viel Herz an ihrem Wunsch hängt. Sie überlegte eine Weile und sagte: »Es geht mir nicht so sehr ums Notebook an sich. Ich möchte einfach, dass der Chef anerkennt, dass ich für eine gute Beratung auch gutes Handwerkszeug benötige.« Diese emotionale Verankerung (s.o.) half ihr, weiter dranzubleiben. Da sie sich gegenüber dem Chef offensichtlich deshalb nicht durchsetzen konnte, weil er sich nur in der Verliererrolle des Zahlers sah, überlegte sie sich zwei Verhandlungsoptionen:

❏ Kompensation: »Wenn ich das Notebook kriege, besuche ich auch die 20 B-Kunden, die wir seit Monaten vor uns herschieben.«

❏ Dem Chef seinen Nutzen klarmachen: »Sie beklagen sich doch immer darüber, dass wir kein Cross-Selling betreiben. Mit dem Sales Folder geht das auch nicht gut. Mit dem Notebook dagegen können wir unsere Zusatzangebote dem Kunden viel übersichtlicher und vor allem attraktiver und individueller präsentieren. Sie werden sehen, da kommen viel mehr Zusatzaufträge rüber!«

Sie entschied sich für die zweite Option, wiederholte diese in drei aufeinander folgenden Gesprächen – und führte damit ihren Chef so in Versuchung, dass er schließlich einwilligte.

Sie setzen sich durch, wenn alle Beteiligten zufrieden sind. Fragen Sie sich: Wann bin ich zufrieden? Und wann ist mein Partner zufrieden? Welchen Nutzen kann ich ihm dafür anbieten, welche Kompensation? Natürlich taucht bei dieser Strategie wieder der alte Nutzenirrtum auf. Nele meinte anfänglich: »Aber dass es mir die Arbeit erleichtert, das muss doch auch in seinem Interesse liegen! Warum sieht er das nicht ein?!«

Was ein Nutzen ist und was nicht, entscheiden nicht Sie, sondern derjenige, dem dieser Nutzen nutzen soll. Da können Sie sich auf den Kopf stellen: Wenn jemand einen »Nutzen« nicht als Nutzen akzeptiert, dann ist es für ihn/sie auch keiner! Also entwickeln Sie so lange Nutzenvorschläge, bis der andere einen oder mehrere akzeptiert. Dann erst entsteht eine Win-Win-Situation.

Die Interessen-Strategie

Kennen Sie die Interessen Ihres Verhandlungspartners?

Warum wusste Nele zuerst nicht, was ihrem Chef nützt? Weil sie von sich ausging: »Ein Notebook erleichtert mir die Arbeit – und das ist auch für den Chef gut!« Falsch. Was einem Menschen nutzt, bestimmen allein seine eigenen Interessen.

Neles Interesse besteht darin, sich die Arbeit ein wenig zu erleichtern. Das aber liegt ganz offensichtlich nicht im Interesse ihres Chefs – selbst wenn es das sollte! Der Chef interessiert sich zwar auch dafür, dass Nele sich nicht zu Tode schuftet. Doch sein vorrangiges Interesse gilt offensichtlich neuen Aufträgen, also dem Umsatz, mit dem er Neles Gehalt bezahlen kann – denn darauf springt er an.

Nur ganz leicht übertrieben formuliert: Wenn Sie die Interessen eines Menschen kennen, wird er Ihnen jeden Wunsch erfüllen! Sofern und soweit Sie ihn überzeugen können, dass Ihr Wunsch seinen Interessen dient.

Diese Verbindung zwischen Ihrem Wunsch und seinen Interessen herauszufinden erfordert manchmal detektivische Nachforschungen. Die überzeugende Artikulation dieser Verbindung erfordert eine klare Formulierung. Wenn Sie beides schaffen, wird Ihre Durchsetzungskraft Sprünge machen!

Die Vermeidungs-Strategie

Diese Durchsetzungs-Strategie kennen Sie wahrscheinlich bestens. Sie haben sie immer dann angewandt, wenn Sie sich hinterher gefragt haben: »Warum habe ich wieder ohne Mucks klein beigegeben?« Weil Sie eine Verhandlung vermieden haben – unbewusst, reflexhaft; das ist das Problem.

Wer zu kurz kommt, hat vermieden

Die Vermeidungs-Strategie ist eine Durchsetzungs-Strategie wie jede andere auch. Das heißt: Sie ist a priori weder gut noch schlecht. Es kann sehr nützlich sein, eine sachlich nötige Verhandlung zu vermeiden. Privat haben wir das alle schon oft gemacht: Der Liebste liegt mal wieder völlig falsch in einer Sache, aber wir lassen ihn gewähren, weil wir wissen, dass er danach super umgänglich sein wird. Vermeidung gegen Zuneigung – kein schlechter Tausch. Auch im Beruf drückt frau gegenüber guten Kunden mal ein Auge zu, obwohl eine Sache zum Himmel stinkt – denn sie weiß: Wenn sie den Kunden darauf aufmerksam macht, ohne gleich eine Gegenleistung zu fordern, hat sie bei ihm danach was gut. Auch kein schlechter Tausch.

STOP Die Vermeidungs-Strategie wird jedoch immer dann gefährlich, wenn Sie sie unbewusst und reflexartig anwenden.

Der Chef benimmt sich schon wieder mächtig daneben? Bloß den Mund halten! Der Kollege wildert in Ihrem Revier? Lieber nichts sagen – um des lieben Friedens willen. Solche Verhandlungsverzichte kommen uns immer so spontan in den Sinn, dass wir nicht lange darüber nachdenken – und genau das ist der Fehler.

Auch ein Verzicht muss sich für Sie lohnen!

 Wenn Sie genau wissen, was Sie für Ihre Vermeidung bekommen, was es Sie auf der anderen Seite kostet, und wenn sich der Saldo für Sie lohnt, dann lohnt sich auch die Vermeidungs-Strategie. In allen anderen Fällen sollten Sie die Vermeidung vermeiden.

Das hat nichts mit Eigensucht zu tun. Das Leben ist nun mal keine einseitige Angelegenheit: Wenn Sie auf etwas verzichten, dann haben Sie sich für den Verzicht auch etwas verdient. Das ist nur gerecht.

Die Lose-to-Win-Strategie

Auch ein Opfer muss sich für Sie lohnen – sonst ist es ein sinnloses Opfer!

Sie ist eine Steigerung der Vermeidungs-Strategie: Jetzt vermeiden Sie nicht nur eine Verhandlung, um in der langfristigen Perspektive weiter zu kommen. Jetzt bringen Sie sogar ein Opfer. Im Verkauf ist es zum Beispiel Usus, dass ein Verkäufer beim Erstauftrag so lange berät und so viel Rabatt gibt, dass weder sein Unternehmen noch er auf seine Kosten kommen. Die holt man dann halt mit den Folgeaufträgen rein.

Leider zeichnet sich hier auch schon die Schwachstelle der Strategie ab. Im Coaching erlebe ich immer wieder weibliche Führungskräfte, die auf mannigfache Weise mit blumigen Versprechungen zu solchen Opfern verführt wurden – und hinterher in die Röhre schauten. Ganz beliebt ist die Masche: »Frau Meier, wir können Ihnen am Anfang noch nicht so viel bezahlen. Sie sind auch noch gar nicht eingearbeitet. Aber wenn Sie dann so richtig drin sind in der Arbeit, reden wir nochmals über Ihr Gehalt.« Die Bewerberin bringt das Opfer – und wird nach erfolgreich bestandener Probezeit dann monatelang wegen der versprochenen Gehaltserhöhung vertröstet.

STOP Wenn Sie um ein Opfer gebeten werden, schauen Sie sich genau an, wer Sie da bittet!

Trau, schau wem! Das offensichtlichste Indiz für eine Opferlüge ist die allzu pauschale Versprechung: »Wir reden dann nochmals darüber!« Das glaube ich schon lange nicht mehr. Wenn mir aber jemand sagt: »Der Einkaufsleiter testet gerne Neulieferanten. Daher die 25 Prozent Rabatt für den Erstauftrag. Wenn wir uns für Sie entscheiden, dann werden Sie bei Ihrem Qualitätsniveau als A-Lieferant eingestuft – und bei A-Lieferanten fordern wir nie mehr als 15 Prozent Rabatt.« Das klingt schon überzeugender. Überzeugend ist das Stichwort: Wenn Sie der versprochene Gewinn für Ihr gebrachtes Opfer überzeugt, dann opfern Sie. Wenn nicht, pfeifen Sie drauf – oder verhandeln Sie weiter, bis das Gegenangebot Sie überzeugt.

Die Win-Lose-Strategie

Manchmal muss frau auch gewinnen können. Doch damit haben Frauen oft mächtige Probleme. Warum gewinnen Frauen nicht gerne? Weil sie Mitleid mit dem Verlierer haben. Sie denken oder sagen:

Frauen hassen es, zu gewinnen

- ❑   »Ich kann doch jetzt keine Gehaltserhöhung fordern, wo das Unternehmen an allen Enden Kosten senken muss!«
- ❑   »Das kann ich vom Kollegen nicht verlangen, der hat doch sowieso schon genug zu tun!«

Was viele Frauen dabei übersehen:

STOP Jedes Mal, wenn Sie sich weigern zu gewinnen, stellen Sie Ihre eigenen Interessen hintan!

Wenn Sie dem Chef Ihre Gehaltserhöhung ersparen, reicht es dieses Jahr im Urlaub wieder nur an die Nordsee. Wenn Sie dem Kollegen die Aufgabe ersparen, opfern Sie Ihre Zeit dafür!
Es ist eigentlich untypisch, dass Frauen gewinnen *wollen*. Deshalb hat mich interessiert, wie durchsetzungsstarke Frauen es schaffen,

sich auch mal auf Kosten anderer durchzusetzen. Ihre Einstellungen fordern zur Nachahmung auf:

- ❑ »Ich gehe nicht über Leichen, aber wenn's nötig ist, auch mal über Leichtverletzte.«
- ❑ »Jetzt bin auch ich mal dran!«
- ❑ »Ich habe lange genug nachgegeben. Hier ist Schluss.«
- ❑ »Ich bin nicht Everybody's Depp. Das kann jetzt auch mal ein anderer machen.«
- ❑ »Ich bin nicht die Putzkolonne der Abteilung. Das soll jemand anders machen.«
- ❑ »Wenn ich das jetzt auch noch mache, verliere ich jede Selbstachtung.«
- ❑ »Er kann auch mal zurückstecken. Ich habe es weiß Gott lange genug getan.«
- ❑ »Es muss nicht immer ich sein, die zurücksteckt. Andere sind auch mal dran.«
- ❑ »Das wollen wir doch mal sehen. Wenn hier einer als Sieger vom Platz geht, dann ich!«
- ❑ »So etwas lasse ich überhaupt nicht mit mir machen. Die sollen sich einen anderen Dummen suchen!«
- ❑ »Ich will das. Das steht mir zu. Ich habe ein Recht darauf. Also werde ich mich durchsetzen!«
- ❑ »Warum sollte ich weniger wert sein als andere? Das hole ich mir jetzt!«

War etwas für Sie dabei?

Es fällt Ihnen umso leichter, sich gegenüber anderen auch mal durchzusetzen, wenn Sie darauf achten, dass der Verlierer dabei zwar in der Sache, nicht aber sein Gesicht verliert. Das macht es für Sie beide leichter. Wenn Sie sich gegenüber einem Mann durchsetzen, achten Sie darauf, dass er seine Niederlage gut verkaufen kann.

Männer sind zwar sehr gut darin, Niederlagen als Siege zu verkaufen. Doch mit kleinen Hinweisen können Sie sie dabei unterstützen. Als eine Abteilungsleiterin vor einem Kollegen zum Bereichsleiter befördert wurde, meinte sie zu ihm: »Tut mir für dich leid, lieber Kollege. Aber mit meinen drei Großprojekten hatte ich einfach erfahrungsmäßig die Nase vorn.« Mit diesem Argument konnte er seine Niederlage gegen eine Frau vor seinen Kumpels schönreden.

Männer sind ja so zerbrechlich!

Wann welche Strategie?

So viele Strategien – wann ist welche am besten? Antwort von Radio Eriwan: Das kommt darauf an. Nämlich auf Sie und Ihre momentane Durchsetzungsstärke und Ihr Selbstwertgefühl, auf die jeweilige Situation und auch auf Ihren Partner. Mit einem beinharten Verhandler sollten Sie möglicherweise nicht unbedingt Win-Lose spielen. Andererseits sollten Sie nicht die Vermeidungs-Strategie oder die Lose-to-Win-Strategie wählen, wenn Sie das Gefühl haben, dass Sie heute aber auch jeder nach Strich und Faden ausnutzt.

Jede Situation hat ihre eigene beste Strategie

> Je mehr Strategien Sie in Ihrem Nähkästchen haben, umso besser. Wer nur eine Strategie beherrscht (meist eine unbewusste wie die Vermeidungs-Strategie), hat ein Durchsetzungsproblem. Wer nur zwei kennt, hat ein Dilemma. Erst bei drei beginnt die für Ihre Durchsetzungskraft so wichtige strategische Flexibilität. Die beste Strategiewahl ist die flexible Strategiewahl.

Achten Sie auch auf Ihren Partner: Was für ein Typ ist er? Eher der kompetitive oder eher der kooperative? Wie ist er heute drauf? Wie wirke ich bislang auf ihn? Sie können auch mitten im Gespräch Ihre Strategie modifizieren oder wechseln, wenn Sie mit einer Strategie auf Granit beißen.

Vorsicht vor typisch weiblichen Strategien!

Flirten oder Rum-zicken – hilft das wirklich?

Manchmal treffe ich Frauen im Berufsleben, die ihre Verhandlungs-partner um den Finger wickeln, mit den Augen klimpern, die wallende Mähne gut kalkuliert nach hinten werfen, schelmische Augenaufschläge einstreuen. Andere lassen gezielt auch manchmal die Zicke raus, kratzen, beißen, fauchen und spucken. Manche drücken sogar auf die Tränendrüse, geben die naive Blonde oder das hilflose Töchterchen, das sich nach der starken Schulter sehnt. Viele geizen nicht mit ihren Reizen. Charme, Naivität, weibliche Reize – das alles sind so genannte typisch weibliche Durchsetzungs-Strategien. An manchen haben Trainer und Ratgeber ihren Narren gefressen, wie zum Beispiel am weiblichen Charme. Immer wieder lese ich: »Greifen Sie ruhig durch – aber immer weiblich char-mant!« Ich sage: Bullshit!

STOP Die angeblich so weiblichen Strategien sind mit schuld daran, dass Frauen in Beruf und Business nicht ernst genommen werden.

Wenn ich in männlich besetzten Managerrunden Mäuschen spiele, klingen mir manchmal die Ohren, wenn über weibliche Führungs-kräfte getratscht wird: »Hast du heute den Rock von der Müller gesehen? Scharfe Beine, die Schnecke. Tja, wenn man anders nicht punkten kann …«

 Männer können besser sehen als denken. Also überlegen Sie sich gut, ob Sie mit Aussehen, weiblichem Charme und gefälligem Verhalten oder mit Leistung und Kompe-tenz beeindrucken möchten.

Die Dosis macht das Gift: Sie können auch zu charmant sein!

Natürlich ist das für jede Frau ein Dilemma – auch und gerade in der Führungsetage. Frau möchte zwar tough enough for business sein, aber doch bitte noch als Frau und nicht als Mannweib wahrgenommen werden. Außerdem möchte frau auch hin und

wieder mal charmant sein dürfen. Einverstanden. Aber: Halten Sie die Balance! Charme, Rumzicken oder gespielte Naivität (»Können Sie mir das mal erklären, Herr Kollege?«) sind sporadisch eingesetzt hoch wirksam. Doch schon eine geringe Häufung des Einsatzes sorgt dafür, dass Sie eben nur noch als nette Kleine, olle Zicke oder naive Kuh gehandelt werden. Und naive Kühe haben es sehr schwer, sich in diesem Leben durchzusetzen.

Sie fühlen sich etwas verunsichert? Gratuliere, dann denken Sie exzellent mit. Die Frage ist nämlich: Woher wissen Sie, wie Sie auf andere wirken? Sie halten sich für moderat freundlich – aber woher wollen Sie wissen, ob das in Ihrem Umfeld nicht bereits als zu nett, harmlos, charmant (»…und sonst hat sie nichts drauf!«) oder gar sexuell aufreizend ankommt? Wie bitte? Wer verwechselt denn Freundlichkeit mit Promiskuität? Männer. Also: Wie erfahren Sie Ihre Wirkung auf andere?

❑ Indem Sie um ein ehrliches Wort von Ihrer besten Freundin bitten.

❑ Indem Sie auf das hören, was man/frau Ihnen durch die Blume zuträgt.

❑ Indem Sie andere beobachten. Wie Sie auf andere wirken, zeigt nämlich deren Verhalten. Wenn Männer zum Beispiel andauernd und ausgesprochen charmant zu Ihnen sind, ist das gar nicht gut – dann kommen Sie als zu nett und harmlos rüber. Da Männer konkurrenzorientiert denken, sind sie nur nett zu Menschen, die sie nicht ernst nehmen – oder die sie sexuell erobern wollen (was dasselbe ist).

Strategische Allianzen

Im Privatleben verfügen die meisten Frauen über exzellente Netzwerke. Sie haben Omis und Opis, zu denen sie die Kinder bringen können. Sie haben die beste Freundin für den Beziehungsstress-

Privat Profi, beruflich Amateurin

Talk. Sie haben den Kerl fürs Grobe im Haushalt. Kurz: Sie haben ihr Netzwerk, das sie unterstützt.

 Im Beruf sind die meisten Frauen ohne oder mit löcherigem Netzwerk unterwegs.

Ich weiß bis heute nicht, warum. Ist mir ehrlich gesagt auch piepegal, solange Sie sich eines ganz fest merken:

Als Einzelkämpferin steht jede Frau in Männerwelten wie Beruf, Business oder Gesellschaft auf verlorenem Posten.

Sie brauchen unbedingt auch ein berufliches Netzwerk. Fragen Sie sich:

- ❏ Wer kann mich in meinen beruflichen Zielen unterstützen?
- ❏ Wo liegen meine Schwächen? Wer könnte mich bei ihrer Überwindung oder Kompensation supporten (wie das auf Neuhochdeutsch heißt)?
- ❏ Mit wem könnte ich eine strategische Kooperation zum beiderseitigen Gewinn schmieden?
- ❏ Wer könnte meine Mentorin sein?
- ❏ Welchen weiblichen Coach wähle ich mir?
- ❏ Wer ist meine Fachfrau oder ersatzweise mein Fachmann für die folgenden wichtigsten beruflichen Themenfelder: … ?

 Suchen Sie Ihre NetzwerkpartnerInnen sowohl inner- als auch außerhalb Ihres Unternehmens!

Kontaktieren Sie diese PartnerInnen nicht nur ad hoc, im taktischen Notfall, also wenn Sie etwas von ihnen brauchen. Sondern behandeln Sie diese PartnerInnen strategisch: Pflegen Sie sie, auch wenn Sie gerade nichts von ihnen wollen. Wie frau eben gute

Brieffreundinnen pflegt: Frau schreibt sich auch, wenn es mal nichts zu sagen gibt.

Welches ist Ihr strategischer Status?

Sie haben ein Ziel, einen Wunsch, den Sie durchsetzen möchten? Wunderbar.

Wie weit sind Sie damit? Noch nicht ganz am Ziel? Es geht nicht so recht voran? Dann überprüfen Sie Ihre Strategie!

Sie haben jetzt jede Menge Strategien kennengelernt. Mit welcher oder mit welchem Mix sind Sie gerade unterwegs? Diese Frage stellen wir uns viel zu selten.

Wenn es nicht so recht vorangeht, schieben wir die Schuld auf den Verhandlungspartner, die Umstände oder wir machen uns selber Vorwürfe – anstatt einfach mal auf unsere Strategie zu schauen: Bringt's die denn überhaupt? Oder wäre nicht Zeit für mindestens eine Strategiemodifikation, wenn nicht für einen Strategiewechsel? Sie basteln nun schon so lange an Ihrem Wunsch herum – da haben Sie schon jede Menge dazugelernt. Und Sie verfolgen immer noch dieselbe alte Strategie? Das kann nicht sein. Verbessern Sie Ihre Strategie vor dem Hintergrund dessen, was Sie dazugelernt haben. Oder das Kapitel in einem Satz zusammengefasst: Wenn Sie sich durchsetzen wollen, denken und handeln Sie strategisch!

Denken Sie strategisch!

4 Nützliche Taktiken der Durchsetzungskunst

Wenn Sie bei allen beliebt sein wollen, müssen Sie zu jedem Kompromiss bereit sein. Damit erreichen Sie gar nichts.
Margaret Thatcher

Rambo oder Rumzicken?

Wie setzen sich Männer durch? Sie hauen mit der Faust auf den Tisch oder schwingen die Verbalkeule. Das ist die Rambo-Taktik. Sie ist mit schuld daran, dass Frauen so phänomenal durchsetzungsschwach sind. Wenn es ums Thema Durchsetzen geht, sagen die meisten Frauen nämlich: »Ich würde mich schon gerne besser durchsetzen – aber ich möchte nicht so brutal wie die Männer sein!« Frage ich dagegen Männer nach typisch weiblichen Mitteln der Durchsetzung, sagen sie oft: »Die meckern, nerven oder heulen eben so lange rum, bis sie kriegen, was sie wollen!« Das ist die Zicken-Taktik.

 Frauen setzen sich auch deshalb so schlecht durch, weil sie neben der Rambo- und Zicken-Taktik kaum andere Durchsetzungs-Taktiken kennen und können.

Das ist so, als ob Sie nur zwei Paar Schuhe hätten: Das reicht nicht! Es gibt so viele einfache, einleuchtende, tolle, wirksame, praxisgetestete und absolut weibliche Durchsetzungs-Taktiken. Füllen Sie Ihre Tool-Box damit!

Vergessen Sie Rambo und Zicke! Es gibt genug andere Taktiken!

Die Salami-Taktik:
Scheibchenweise zum Erfolg

Den Begriff hat jede schon einmal gehört. Trotzdem wird die Taktik mit dem nahrhaften Namen selten angewandt. Immer wieder berichtet mir eine Frau zum Beispiel, dass sie unter Arbeit begraben ist: »Wenn ich den Berg auf meinem Schreibtisch (Ablage, To-do-Liste …) anschaue, wird mir ganz flau!« Mir auch. Aber nicht wegen des Berges Arbeit, sondern:

> **STOP** Wenn Sie einen Berg Arbeit haben, schauen Sie nie auf den ganzen Berg!

Das wirft selbst die stärkste Amazone um! Jede Bergsteigerin weiß, dass frau auch den höchsten Gipfel nur mit kleinen Schritten erreicht. Deshalb heißt die Salami-Taktik auch die Taktik der kleinen Schritte. Ohne Salami-Taktik erreichen Sie große Ziele nie oder nur extrem mühsam.

Überforderung ist eine Illusion!

Im Berufsleben treffe ich immer wieder Frauen, die sich nicht durchsetzen, die vor einer Aufgabe kneifen oder ein Ziel einfach aufgeben, weil: »Das schaffe ich nicht!« Wenn Sie sich im Leben überfordert fühlen, liegt das nicht daran, dass Sie faktisch überfordert wären, sondern dass Sie Ihr Ziel am Stück und nicht in Scheibchen sehen und anpacken! Eine professionelle Freeclimberin sagte mir einmal: »Wenn ich eine 500 Meter hohe Steilwand hochsehe, dann rutscht mir manchmal das Herz in die Hose. Dann sage ich mir immer: Susi, schau nicht auf den Gipfel – schau gefälligst auf die ersten fünf Meter. Und dann auf die nächsten fünf. Auch eine 500 Meter hohe Steilwand bezwingt man nur Meter für Meter.« Eine kluge Frau.

Tipp Zerlegen Sie große Salamis (Ziele, Wünsche) grundsätzlich erst in mundgerechte Scheibchen (Teilziele). Sonst gehen Motivation und Erfolgswahrscheinlichkeit schon baden, noch bevor Sie den ersten Streich getan haben. Eine echte Salami essen Sie doch auch nicht am Stück, oder?

Die Salami in der Außenwirkung

Mit der Salami-Taktik setzen Sie sich nicht nur gegenüber Ihrem inneren Schweinehund durch. Sie setzen sich damit auch gegenüber äußeren Verhandlungspartnern durch.

 **z.B.** Als Sarah den etwas maroden Innendienst eines Mittelständlers übernahm, wollte sie die ineffiziente Abteilung mit Hochdruck auf Vorderfrau bringen. Sie forderte vom Geschäftsführer eine neue IT, Schulungen für die Innendienst-Verkäufer, eine Neuaufteilung der Verkaufsgebiete und eine Überarbeitung des Internet-Verkaufs. Was tat der Geschäftsführer darauf? Richtig geraten, er winkte erst einmal heftigst ab: »Sie bringen mir ja den ganzen Laden durcheinander!« Je intensiver sie ihren Turnaround durchzusetzen versuchte, desto fadenscheiniger wiegelte er ab: »Kein Geld dafür!«, »Nicht der richtige Zeitpunkt!«, »Der Vertriebsleiter wird das nicht mögen!«.
Kurz bevor sie die Position wieder abgeben und das Unternehmen wechseln wollte (»Die blockieren mich voll!«), besann sich Sarah auf die Salami-Taktik und sagte zum Geschäftsführer: »Wissen Sie was? Vergessen Sie das Komplettpaket. Geben Sie mir bloß das Budget, damit ich unsere Mitarbeiter schulen lassen kann – dann verkaufen die nämlich automatisch besser!« Sarah erzählt: »Ich konnte richtig sehen, wie dem armen Mann der Stein der Erleichterung vom Herzen fiel. Das große Paket aller nötigen Maßnahmen war zu viel für ihn. Die

Der Klügere setzt sich durch

Schulung für sich genommen konnte er gerade noch verdauen.« Vier Monate später beantragte Sarah den Relaunch des Internet-Shops – auch das wurde abgesegnet. Sarah sagt: »Inzwischen habe ich seine ›Verdauungsintervalle‹ herausgefunden: Etwa alle drei Monate ist er bereit für die nächste Salamischeibe.«

Wenn Sie den Verhandlungspartner vorab mit einer Riesenforderung etwas schocken, funktioniert die Salami-Taktik danach umso besser, weil der Partner so erleichtert ist.

Wenn Sie nicht so aufs Schocken stehen: Es geht auch ohne Schock. Fangen Sie eben klein an – und schieben Sie dann Scheibe für Scheibe nach. Wenn das so einfach ist, warum machen das dann nicht alle Frauen? Weil ihre Gefühle mit ihnen durchgehen. Sarah wünschte sich so sehr einen funktionierenden Innendienst, dass sie diesen Wunsch einfach in all seiner Grandiosität aussprach – ohne an ihren Chef zu denken. Dieser jedoch reagierte geschockt: »Die Frau ist maßlos!«

 Sie haben einen Wunsch? Prima. Aber überfordern Sie weder sich noch Ihre Mitmenschen damit. Gehen Sie den Wunsch häppchenweise an. Das macht die Zielerreichung leichter. Einen Wunsch kann jeder Dummkopf haben. Den Wunsch so zu portionieren, dass er sich auch erfüllt, erfordert dagegen Intelligenz.

Fait accompli

So durchsetzungsschwach Frauen manchmal scheinen, so erfreut bin ich immer wieder, wenn ich eine Frau dabei beobachte, wie sie die Taktik des Fait accompli anwendet, um ihren Verhandlungspartner vor vollendete Tatsachen zu stellen.

Renate eiert seit Wochen mit ihrem Vorgesetzten herum, der einfach nicht ihr Konzept für eine verbesserte Kundenbetreuung absegnen kann oder möchte. Dabei könnten die Kunden mit ihrem neuen Konzept sehr viel schneller und besser beraten und bedient werden! Also verliert sie irgendwann die Geduld und stellt die Prozesse in ihrer Abteilung stillschweigend auf eigene Kappe auf das neue Konzept um. Sie sagt: »Manchmal ist es klüger, um Verzeihung statt um Erlaubnis zu bitten!«

Sie geht das Risiko ein, ihren Chef später um Verzeihung bitten zu müssen, wenn er mit ihrer Entscheidung nicht einverstanden sein sollte. Weil sie es einfach gut mit ihren Kunden meint.

 Wenn Sie vollendete Tatsachen schaffen, rechnen Sie mit Späteinwänden!

Irgendwann wird Ihnen irgendwer auf die Schliche kommen und etwas dagegen haben. Rechnen Sie von Anfang an damit:

❑ Stellen Sie sich auf etwas Aufregung und Nachverhandlungen ein.

❑ Verkneifen Sie sich von vornherein Rechtfertigungsarien wie »Sie haben mich so lange warten lassen, da habe ich doch handeln müssen!«. Das lässt Sie schwach aussehen.

....

....

....

....

....

❑ Bereiten Sie sich lieber darauf vor, Ihre Entscheidung mit einer wohlüberlegten Nutzenargumentation optimal zu verkaufen. Das heißt: Zeigen Sie, was alle (nicht nur Sie!) davon haben. Zeigen Sie vor allem, welchen Nutzen der späte Bedenkenträger davon hat.

»Wenn Sie wollen, dass etwas gesagt wird, bitten Sie einen Mann. Wenn Sie wollen, dass etwas getan wird, bitten Sie eine Frau.«
Maggie Thatcher

Vollendete Tatsachen zu schaffen ist eine typische weibliche Durchsetzungs-Strategie. Neulich sagte mir eine Topmanagerin: »Während die Männer im Meeting noch über Kaisers Kleider streiten, sind wir Frauen meist schon bei der Umsetzung.« In Haushalt und Privatleben schaffen Frauen täglich Dutzende vollendeter Tatsachen. Probieren Sie's auch mal in Beruf und Business! Sie werden feststellen: Der Unterschied ist kleiner, als Sie denken. Männer sind nämlich auch im Business beim Maulen viel stärker als beim Machen.

Passen Sie Ihre vollendeten Tatsachen an den jeweiligen Rezipienten an. Die erwähnte Topmanagerin verriet mir: »Ich weiß inzwischen aus Erfahrung, wer welchen Fait accompli schluckt. Jeder hat so seine Schmerzgrenze, bis zu der ich mir etwas erlauben kann, ohne ihn extra zu fragen.« Die meisten Menschen sind sogar froh darüber, weil sie sich dann nicht um die jeweilige Angelegenheit kümmern müssen.

z.B. Frechheit ist die Steigerungsform des Fait accompli. Weil Frauen bei der Projektvergabe in ihrem Unternehmen ständig übergangen werden, hat Sabrina mal in einem Meeting gesagt, als es um ein neues Projekt ging: »Ich habe dafür schon eine Konzeption entwickelt und einen Netzplan aufgestellt. Ich werde morgen die ersten Bestellungen auslösen. Hat jemand Extrawünsche?« Die Kollegen waren so verblüfft, dass sie gar nicht mehr darüber zu diskutieren begannen, wer das Projekt nun kriegen soll. Sie haben Sabrina einfach machen lassen. Das heißt: Sabrinas Frechheit war gerechtfertigt! Sie war die Richtige für das Projekt. Wäre sie das nicht gewesen, hätten die Mannsbilder doch protestiert!

Das hätten Sie sich nie getraut? Weil Sie dann keiner der düpierten Männer mehr lieb gehabt hätte? Das ist die stille Angst vieler Frauen vor dem Durchsetzen. Glücklicherweise ist es nur eine Angst. Die Realität ist meist das Gegenteil davon. Einer von Sabrinas Kollegen spricht aus, was die meisten denken: »Mit der Sabrina musst du rechnen. Die ist nicht nur ein nettes Blondchen. Die steht ihren Mann.« Das zeugt von Respekt. Nette Frauchen werden zwar nett gefunden. Doch Respekt bekommen sie selten.

 Männer finden nette Frauen nett. Durchsetzungsstarke Frauen akzeptieren sie dagegen als gleichwertige Partner.

Was die Frage aufwirft: Wie möchten Sie akzeptiert werden? Als nettes Frauchen oder als gleichwertiger Mensch? Das ist eine tragische Ironie der Emanzipation: Schon so lange wollen Frauen als gleichwertige Partner wahrgenommen werden. Männer nehmen jedoch nette, kleine, pflegeleichte, durchsetzungsschwache Frauchen nicht als Partner wahr. Sie akzeptieren als Partner nur, wer sich auch durchsetzen kann – egal, ob es Männlein oder Weiblein ist. Nicht umsonst gibt es das geflügelte Management-Werturteil, das als Stigma des Versagens gilt: not tough enough for business.

Werden Sie tangential!

Egal, womit Sie sich durchsetzen möchten, Sie werden in den allermeisten Fällen auf Widerstand stoßen. Sie möchte etwas, er möchte das nicht – und schon knicken viele Frauen ein, geben nach oder kämpfen mit den Tränen. Warum? Weil sie den offenen Konflikt scheuen. Wer sagt denn, dass der offene Konflikt die einzige Möglichkeit ist, sich zu wehren? Und noch eine Frage: Hat Ihnen ein Mann schon mal vorgeworfen, dass Sie sprunghaft das Thema wechselten? Dann beherrschen Sie eine typisch weibliche Taktik: ausweichen, Thema wechseln.

Frauen sind so sprunghaft – und das ist gut fürs Durchsetzen!

z.B. Christine muss sich von einem Kollegen schon wieder anhören, dass sie ihre Controllingzahlen nicht überarbeitet hat. Christine hasst Controllingstatistiken. Sagt sie dem Kollegen das jedoch, bricht dieser eine zwanzigminütige Tirade über das Thema »Frauen und Zahlen« vom Zaun. Also wird Christine tangential: Sie wechselt das Thema. Aber nicht radikal – dann würde sie sich den Vorwurf der Sprunghaftigkeit einhandeln. Sondern tangential: Sie leitet vom ihr verhassten Thema einfach auf ein verwandtes, aber unverfängliches Thema über. Sie sagt: »A propos Controllingzahlen: Warum werden die Umsatzzahlen immer noch nach Produktbereichen statt nach Zuständigkeit ausgewiesen?« Merke: Eine Frage provoziert immer eine Antwort – und schon ist das Gespräch bei einem ganz anderen Thema. Der Kollege doziert nun nämlich fünf Minuten lang über die Details der Umsatzstatistik – und vergisst völlig, dass er Christine eigentlich die Leviten lesen wollte. Als es ihm wieder einfällt und er das Gespräch auf das Thema zurückbringen möchte, was tut Christine? Richtig, sie stellt die nächste Tangentialfrage.

Stöckchen werfen – und der Mann springt hinterher

Einige nennen diese Taktik auch die Stöckchen-Taktik: Frau braucht nur ein Stöckchen (ein Tangentialthema) in die Landschaft zu werfen – und schon hechelt Waldi hinterher. Ganz toll dafür geeignet sind auch:

❏ unhaltbare Vorwürfe: »Die Zahlen sind doch viel zu ungenau!« Solche offensichtlich ungerechtfertigten Vorwürfe provozieren jeden normalen Menschen so stark, dass er sie widerlegen möchte. Und während er den Vorwurf widerlegt, vergisst er meist, worüber er eigentlich reden wollte.

❏ Hörensagen: »Hast du schon gehört, was der Geschäftsführer zu den neuesten Zahlen gesagt hat?« Menschen klatschen gerne – und werden dabei tangential.

Tangential zu werden ist eine elegante Art, nicht offen Nein sagen zu müssen.

Es gibt noch eine Möglichkeit, Nein zu sagen, ohne Nein zu sagen: Spielen Sie auf Zeit!

Zeitdieben keine Chance!

Geht es Ihnen auch so? Sie haben jede Menge Wünsche – aber so wenig Zeit, sich um sie zu kümmern! Das ist die berühmte Fremdbestimmtheit der modernen Gesellschaft: Zwölf Stunden am Tag rennen wir hinter Dingen her, die mit unseren tiefsten Herzenswünschen eigentlich recht wenig zu tun haben.

Schützen Sie Ihre Wünsche vor Zeitdieben!

 Jana wollte heute endlich ihr Projektbudget nachkalkulieren. Leider ruft schon frühmorgens ein Kunde wegen einem typischen Kinkerlitzchen an, dann will der Chef was von ihr, danach beruft jemand überraschend eine Teamsitzung ein und dann wünscht ein Kollege auch noch eine Vorkalkulation von ihr. Janas eigene Angelegenheiten kommen mal wieder viel zu kurz! Eigentlich müsste sie dem Kollegen absagen. Doch da ihr Neinsagen wie allen Frauen sehr schwer fällt, nimmt sie Zuflucht zu einer beziehungsfreundlichen, hoch wirksamen Taktik. Sie sagt: »Du, gerne. Aber ich habe gerade überhaupt keine Zeit! Ich bin voll im Stress!«

Ähnlich wirkungsvoll wehren Sie Zeitdiebe ab mit:

- ❑ »Das kann ich nicht entscheiden, da muss ich erst … fragen.«
- ❑ »Dafür muss ich erst noch weitere Informationen einholen.«
- ❑ »Sind Sie sich sicher? Möchten Sie nicht erst noch … überprüfen?«

Musterformulierungen: So schinden Sie Zeit für sich und Ihre Wünsche!

❏   »So kann ich das aber nicht bearbeiten. Sie sollten mir dafür erst noch … und … liefern.«

❏   »Hat … zugestimmt? Holen Sie bitte seine Zustimmung ein. Ohne diese kann ich das leider nicht bearbeiten.«

❏   »Heute leider nicht. Wie wär's mit … ?«

Das ist aber alles gelogen? Eben nicht. Es versteht sich von selbst, dass Sie situativ jene Argumentation wählen, die mit etwas Fantasie halbwegs auf die entsprechende Situation passt. Natürlich sind die Argumente dann immer noch etwas fadenscheinig. Doch das Verblüffende daran ist:

> Wenn Sie – egal mit welcher Ausrede – nicht sofort tun, was mann von Ihnen will, erledigt sich die Sache oft von alleine.

Das heißt: Sie können die Angelegenheit auch erst einmal ohne jede Stellungnahme liegen lassen. Männer praktizieren diese Durchsetzungs-Taktik professionell. An dieser Stelle können wir von ihnen lernen. Klaus, ein Hardware-Entwickler in einem IT-Konzern, sagt zum Beispiel: »Selbst die Wünsche vom Chef packe ich erst an, wenn er zum zweiten Mal danach fragt. Die Hälfte seiner Wünsche erledigen sich nämlich binnen einer Woche von selbst!« Weil sie nicht mehr akut sind oder weil er sich's anders überlegt hat oder weil andere Prioritäten vorrangig werden oder weil ein Bereichsfürst etwas einzuwenden hatte oder …

Seien Sie frech! Es lohnt sich und kommt an!

Ein weiterer Vorteil der Aussitz-Taktik zeigt sich besonders in Verhandlungen: Sie kochen den anderen damit weich. Je länger Sie zaudern und zögern, desto ungeduldiger wird der Verhandlungspartner – und macht Fehler. Oder desto kompromissbereiter wird er. Neulich hat mich eine Trainerkollegin mit der Anwendung der Taktik in einer ungewöhnlichen Situation überrascht. Sie erzählte: »Selbst wenn ich unter akutem Auftragsmangel leide und eigentlich däumchendrehend am Schreibtisch sitze und den Wolken nachschaue, sage ich Kunden manchmal, wie sehr beschäftigt ich sei und

dass ich ihren Auftrag kaum unterbringen könne. Das macht es mir leichter, meine Konzept- und Preisvorstellungen durchzusetzen.« Ganz schön frech? Ja. Und risikolos: Runterhandeln lassen kann sie sich ja immer noch!

Warum Frauen nicht Nein sagen können

Zum Durchsetzen gehört auch, dass Sie hin und wieder Nein sagen können, wenn Sie etwas nicht tun möchten. Die meisten Frauen können das nicht oder haben große Probleme damit. Was haben Sie nicht alles schon gemacht oder erduldet, nur weil Sie Nein gemeint und Ja gesagt haben? Warum können Frauen nicht Nein sagen? Weil sie Everybody's Darling sein möchten. Sie möchten den Bittsteller nicht vor den Kopf stoßen. Möchten nicht, dass er sie nicht länger nett findet. Manche betreiben diese Sucht nach dem Nettgefundenwerden bis zur Selbstaufgabe. Schade um die Frau. Denn Selbstverleugnung macht krank. Seelisch und körperlich. Eine Psychotherapeutin, die sich auf psychosomatische Erkrankungen von Frauen spezialisiert hat, sagte mir: »Viele Frauen haben einfach kein Nein parat.« Das ist eine schöne Vorstellung:

> **Tipp** Wenn es Ihnen manchmal schwer fällt, Nein zu sagen, suchen und finden Sie Ihr Nein!

Das Nein liegt nicht jeder auf der Zunge. Oft will es erst gefunden werden. Wo versteckt sich Ihr Nein? Hinter welcher Angst? Machen Sie sich diese Angst bewusst. Denn nur im unbewussten Zustand kann sie Ihr Nein blockieren. Wird die Angst bewusst gemacht, denken Frauen meist spontan: »Nee, also ob mich dieser Kerl nett findet oder nicht – mein Wunsch ist mir wichtiger!« Oder: »Egal ob ich mich dabei blamiere – das muss ich jetzt loswerden!« Wer bewusst und konstruktiv mit seinen Ängsten umgeht, anstatt unbewusst auf sie hereinzufallen, findet auch sein Nein.

Was ebenfalls hilft: Üben! Selbst im privaten Kontext fällt es den meisten Frauen schwer, Nein zu sagen. Sie finden noch nicht einmal

Everybody's Darling ist Everybody's Depp

die richtigen Worte. Dann fangen Sie doch damit an! Mit welchen Worten würden Sie sich trauen, deutlich, aber beziehungsfreundlich Nein zu sagen? Legen Sie sich diese Worte zurecht. Basteln Sie Sätze, die Ihnen entsprechen, die deutlich und doch beziehungsfreundlich sind. Sind die Worte da, kommt auch das Nein viel eher und schneller. Das ist auch nötig. Denn selbst wenn Sie tatsächlich mal Nein sagen, gilt immer noch:

 Wenn eine Frau Nein sagt, nimmt das kaum ein Mann ernst.

Das heißt, Frauen können sich oft noch nicht einmal mit ihrem Nein durchsetzen! Also können sie's auch gleich bleiben lassen, oder? Im Gegenteil! Wir müssen umso vehementer und vor allem verständlicher Nein sagen (lernen). Ich habe mal die tollsten Musterformulierungen von ebenso tollen Frauen gesammelt:

Musterformulierungen fürs Neinsagen

- ❏ »Welchen Teil von Nein haben Sie nicht verstanden? Das N oder das Ein?«
- ❏ »Nein heißt Nein.«
- ❏ »Jetzt weiß ich, warum wir uns nicht verstehen: Sie haben Ja gehört, ich habe aber Nein gesagt.«
- ❏ »Haben Sie was an den Ohren? Ich sagte Nein.«
- ❏ »Wenn ich Nein sage, meine ich Nein.«
- ❏ »Du kannst mich zuquatschen, bis du blau im Gesicht bist: Ich habe Nein gesagt.«
- ❏ »Warum sagen Sie das nicht gleich? Ja wenn das so ist, überlege ich mir mein Nein nochmals. Hm, tja. Nachdem ich es mir reiflich überlegt habe, bleibe ich bei meinem Nein.«
- ❏ »Mögen Sie einen Tritt in den Hintern? Sie sagen Nein? Dann verraten Sie mir doch eines: Warum sollte ich Ihr Nein respektieren, wenn Sie meines nicht respektieren? Ist Ihr Nein etwa mehr wert als meines, bloß weil Sie im Stehen pinkeln?«
- ❏ »Ach nö, schau an, der Kleine kann nicht mit einem Nein umgehen. Jetzt fängt er gleich an zu heulen!«

❑ »Ich habe Nein gesagt. Und jetzt lass mich in Ruhe und geh'
  mit deinen Freunden spielen.«

❑ »Nein. Nein. Nein. Brauchen Sie noch ein paar Wiederholungen, bis bei Ihnen der Groschen fällt?«

 Wiederholen Sie Ihr Nein nicht zu oft. Hat es Ihr
Gegenüber auch nach der zweiten Wiederholung noch
nicht geschnallt und bettelt Sie immer noch an, dann
greifen Sie zum Gesprächsabbruch: umdrehen und weg-
gehen. Den anderen stehen lassen und rausgehen. Das
versteht dann jede(r).

Das ist alles recht konfrontativ? Okay, dann noch eine Formulierung zur Güte, die verständlich, deutlich und trotzdem beziehungsfreundlich ist: »Es tut mir leid, aber dazu muss ich ganz klar Nein
sagen. Unter anderen Umständen würde ich Ihrer Bitte liebend
gerne entsprechen. Aber unter diesen Umständen ist es mir leider
völlig unmöglich. Ich denke, das verstehen Sie.« So viel Mut ein
klares Nein auch erfordern mag – geben Sie's zu: Das gibt doch
auch jede Menge Kraft und macht stolz!

Die Fremdwort-Taktik

Frank: »Wieso müssen wir das Mailing jetzt auch noch in zwei
Tranchen versenden? Das kostet doch bloß Zeit und macht unnütz
Arbeit!«

Beate: »Weil wir bei einem Split-Run die Faktorenladung des
Response analysieren können. Du möchtest doch sicher nicht, dass
wir mit dem Mailing das Geld zum Fenster rauswerfen?«

Haben Sie das eben verstanden? Frank auch nicht. Er klappt den
Mund auf, stottert ein wenig herum – und gibt dann klein bei.
Warum? Weil in seinem Gesicht die blanke Ehrfurcht vor Beates
Kompetenz abzulesen ist.

**Frauen sind
sprachgewandter
als Männer. Nut-
zen Sie das aus!**

Fachkompetente Menschen setzen sich eher durch. Fremdwortgebrauch suggeriert eindrücklich Fachkompetenz.

Deshalb wird Ärzten geglaubt, auch wenn sie den größten Unfug erzählen: Das Medizinerlatein beeindruckt eben mächtig. Wenn jemand mit Fremdworten um sich schmeißt, denken Menschen eben nicht: »Was für ein arroganter Arsch!«, sondern sie assoziieren Kompetenz, Glaubwürdigkeit, Erfahrung und Expertentum damit. Und sie trauen sich nicht zu widersprechen, weil sie sich ja blamieren könnten! Nutzen Sie diesen Umstand!

Wer nicht verstanden wird, kann Macht ausüben

Warum ist Fachlatein-Weitwurf eine typisch weibliche Durchsetzungs-Strategie? Weil Männer dabei fast von Geburt an unterlegen sind. Der durchschnittliche Wortschatz von Frauen ist ungefähr doppelt so groß wie der von Männern. Wie Studien zeigen, gebrauchen Frauen am Tag ungefähr 24 000 Wörter, Männer dagegen nur 12 000. Frauen sind einfach sprachbegabter. Oder dachten Sie wirklich, Ihr Holder redet nur deshalb ungern über »Beziehungskram«, weil ihm das gegen den Strich geht? Nein, der Gute kann schlicht nicht: Ihm fehlen buchstäblich die Worte! Männer können zwar stundenlang über Fußball und weibliche Oberweiten reden – aber schon bei der Artikulation ihres eigenen beruflichen Fachgebiets kommen die meisten ins Stottern. Deshalb ist es regelmäßig so peinlich, wenn ein Kind seinen Vater fragt: »Pappi, was machst du eigentlich bei der Arbeit?« Sie können ihm nicht in kindgerechten, verständlichen Worten erklären, was sie seit 30 Jahren machen!

Die Fremdwort-Taktik kontern

Weil die Fremdwort-Taktik so exorbitant toll funktioniert, sind professionelle Verkäufer, Berater und Ärzte schon auf den Trichter gekommen. Gehen Sie in jede Kfz-Werkstatt: Wenn der ölverschmierte Kerl im Blaumann von Sperrdifferenzialen und Zündzeit-

punkten zu faseln beginnt, genehmigen Frauen jede noch so unsinnige Reparatur und blechen lächelnd noch dafür!

STOP Fallen Sie nicht auf fremdwortversprühende Windbeutel herein!

Lassen Sie die Luft aus dem Windbeutel, indem Sie fragen oder sagen:

❏ »Und nun nochmals auf Deutsch, bitte!«
❏ »Sie verwenden auffallend viele Fremdwörter. Fallen Ihnen die deutschen Begriffe nicht ein?«
❏ »Sie reden Fachlatein. Haben Sie etwas zu verbergen? Wollen Sie mich über den Tisch ziehen?«
❏ »Was verstehen Sie konkret unter einem … ?«
❏ »Ich glaube, wir verwenden … unterschiedlich. Was verstehen Sie unter einem … ?«
❏ »Was verstehen Sie in unserem Zusammenhang unter … ?«
❏ »Ich werde Ihnen erst zustimmen, wenn ich Sie verstehe. Versuchen Sie's einfach nochmals. Vielleicht diesmal ohne Protzfremdworte.«

Bluffen Sie!

Und kommen Sie mir nicht damit, dass das unehrlich sei! Fast jede Frau hat schon einmal Kopfschmerzen vorgetäuscht, um sich ungeliebter Handlungen im Schlafzimmer zu entziehen. Und das zu Recht! Das läuft unter Beziehungsnotwehr und zählt zur Gattung der Bluffs. Wie bluffen Sie?

❏ Indem Sie Umstände postulieren, die nicht wirklich (so) zutreffen, zum Beispiel eben »Ich habe Migräne!«.
❏ Indem Sie Konsequenzen projizieren: »Wenn wir diese Produktmodifikation vornehmen, wandert ein Großteil der qualitätsbewussten Kunden zur Konkurrenz ab!«

Üben Sie sich in der Bluff-Kunst!

❑ Indem Sie Prioritäten überzeichnen: »Nein, das ist keine Bagatelle, sondern von überragender Bedeutung!«

❑ Indem Sie Tatsachen bestreiten: »Das stimmt nicht! Genau diesen Schluss geben die Zahlen doch gar nicht her!«

Sibyllinisches Schweigen

Sibylle war eine berühmte Wahrsagerin des Altertums, die für ihr rätselhaftes und vielsagendes Schweigen bekannt ist. In unserem geschwätzigen so genannten Medienzeitalter ist die Kunst des taktischen Schweigens leider völlig in Vergessenheit geraten. Wir plappern alle immerzu.

STOP Die meisten Menschen glauben, sie müssten reden, um jemanden zu überzeugen.

Das ist nicht richtig. Manchmal wirkt Schweigen besser als jedes Argument. Sie wollen etwas, der andere nicht, er versucht es Ihnen auszureden – und Sie schweigen einfach höflich und souverän lächelnd und beobachten, wie er sich langsam um Kopf und Kragen redet, ungewollt Konzessionen macht, sich verplappert, die Nerven und die Souveränität verliert oder einfach nur am Ende seines Lateins einlenkt.

Ein Schweigen sagt mehr als tausend Worte

Probieren Sie's aus. Beobachten Sie, was der andere sagt und tut, während Sie schweigen. Blicken Sie ihm dabei aufmerksam ins Gesicht und geben Sie präverbale Äußerungen wie »Hm«, »Tja« oder »Naja« von sich – aber sagen Sie darüber hinaus nichts. Sie werden sich über die Reaktionen Ihres Gegenübers wundern. Und es kostet Sie nichts: Ihr Schweigen können Sie jederzeit brechen.

Holen Sie sich Verstärkung!

Wenn Sie sich alleine nicht durchsetzen können, holen Sie sich einen mächtigen Fürsprecher ins Boot.

 Franka, Personalentwicklerin, möchte seit Jahren ein Frauenseminar ins Trainingsprogramm ihres Unternehmens aufnehmen. Der Vorstand, zu hundert Prozent mit »alten Säcken« gefüllt, sagt dazu nur: »Ach, so was brauchen wir nicht. Unsere Frauen sind doch alle glücklich und zufrieden.« Nach zwei Dutzend erfolgloser Anläufe spricht Franka den neuen Vertriebsleiter des Unternehmens an, der aus einer anderen Branche kommt und einen ganz aufgeschlossenen Eindruck macht. Der sagt: »Was? Sie haben noch kein Frauenseminar? So rückständig können wir doch nicht sein! Lassen Sie mich mal machen!« Eine Woche später hat er das Budget dafür irgendeinem Ressort aus dem Kreuz geleiert. Seither hat Franka die Taktik perfektioniert. Sie sagt: »Für jedes Thema kenne ich inzwischen eine Dampflok, die ich vor meinen Waggon spannen kann.«

Die Angst vor dem Erfolg

Sie haben ja recht: Alle diese Durchsetzungs-Taktiken machen Angst. Manchmal nur ein wenig, manchmal mächtig viel – das hängt von Ihrer momentanen Durchsetzungsstärke ab. Es macht Angst, ein Fait accompli zu schaffen, auf Zeit zu spielen, zu bluffen oder gar – Gott behüte! – Nein zu sagen. Warum eigentlich? Weil Angst etwas ganz Natürliches ist. Und weil wir im Sternzeichen der braven Tochter erzogen wurden, die stumm wie das Veilchen im Moose die Fährnisse des Schicksals und der Männergesellschaft tapfer erträgt, sich nicht wehrt, die Klappe hält und sich um Küche

Angst ist ein Wegweiser auf dem Weg zum Ziel

Wer sich nicht wehrt, lebt verkehrt!

und Kinder kümmert. So totgesagt dieses Frauenbild auch sein mag – es hängt uns ganz tief drinnen immer noch nach. Geschenkt!

Denn je öfter Sie diese klein und dumm machende Angst überwinden und eine Durchsetzungs-Taktik einsetzen, desto toller werden Sie sich dabei fühlen. Stark, eigenständig, wach, aktiv, eigenbestimmt, selbstbewusst, zielstrebig, erfolgreich. Selbst dann, wenn Sie dabei doch mal den Kürzeren ziehen sollten. Petra, eine 32-jährige leitende Angestellte, berichtet: »Ich habe den Chef letzte Woche einfach mal vor vollendete Tatsachen gestellt. Gott, war der vielleicht sauer! Ich habe heute noch Muskelkater vom Zurückrudern. Aber ich habe mich danach so gut gefühlt! Ich habe was bewegt, ich habe einem mächtigen alten Mann Angst gemacht, ich war so gut, dass er sich von mir kleinem Licht bedroht fühlte. Das sagt doch was über mich! Die Kollegen jedenfalls haben mir zu verstehen gegeben, dass sie meinen Vorstoß bewundern. Und das nächste Mal fädle ich die Sache eben cleverer ein!«

5   Wie Sie jede(n) überzeugen

Der beste Weg, andere zu überzeugen,
ist der, an ihnen interessiert zu sein.
Golda Meir

Frauen wollen sich nicht durchsetzen, Frauen wollen gemocht werden

»Du musst dich besser durchsetzen!« Wie oft haben Sie das schon gedacht? Und wie vorwurfsvoll?

Die meisten Frauen wissen nur zu gut, dass sie sich zu wenig durchsetzen. Sie würden sich gerne mehr ihrer Wünsche erfüllen – wenn sich Durchsetzen nicht so verdammt unattraktiv wäre.

Sich durchsetzen – möchten Frauen das überhaupt?

 Frauen müssten sich stärker durchsetzen – aber viele möchten das nicht.

Immer wieder sagen mir Frauen: »Sich durchsetzen – das klingt so hart!« Es klingt im Empfinden vieler Frauen nach Unterdrückung, Brutalität, Gewalt, Manipulation. Es klingt nach »Ich gewinne und du verlierst!«. Auf jeden Fall klingt es »nicht nett«, nicht fraulich, nicht freundlich. Immer schwingt dabei die jahrtausendealte Frauenfurcht mit: »Wenn ich mich durchsetze, mag mich keiner mehr!« Viele sagen auch: »Sich durchsetzen – das bin ich einfach nicht!« Deshalb lassen sie's lieber gleich bleiben – und schlucken ihren Wunsch stumm hinunter oder geben nach den ersten zaghaften Bemühungen auf. Tun Sie das nicht!

Frauen, die sich nicht trauen, sich durchzusetzen, haben in der Regel kaum ein Problem damit, andere für sich zu gewinnen, sie zu

Durchsetzen finden Sie zu hart? Dann versuchen Sie's mit Überzeugen!

überzeugen. Wer Menschen für sich gewinnt, kommt in der Sache weiter und wird gleichzeitig als gewinnende Persönlichkeit wahrgenommen. Deshalb finden viele Frauen Überzeugen einfach attraktiver. Leider hilft Ihnen das wenig, wenn Sie nicht wissen, wie Sie Menschen für sich gewinnen können. Wie stellen Sie das an?

Ist das wirklich klar?

Was Ihnen klar ist, ist anderen nicht klar!

Eine meiner fleißigen und freundlichen Mitarbeiterinnen mailte neulich einem Geschäftspartner: »Wenn Sie uns bei Gelegenheit vielleicht mal Ihre Faxnummer geben könnten …« Was machte der Angesprochene daraufhin? Nichts. »Aber es ist doch klar, dass wir dringend seine Nummer brauchen!«, verteidigte sich die Mitarbeiterin. Der Geschäftspartner dagegen fiel aus allen Wolken: »Ich wusste doch nicht, dass es *dringend* ist!« Aus seiner Sicht war das, was meiner Mitarbeiterin glasklar war, überhaupt nicht klar. Was lernen wir daraus?

 Gehen Sie davon aus: Egal, wie Sie Ihren Wunsch äußern, der andere wird Sie zuerst einmal (gründlich) missverstehen!

Ist das nicht ein wenig übertrieben? Nein. Denn im Alltag gehen wir generell vom Gegenteil aus. Wir glauben: Missverständnisse sind die Ausnahme. Dabei sind sie die Regel. Wir reden die meiste Zeit aneinander vorbei. Wir bemerken das nur recht selten. Meist erst dann, wenn wir uns nicht durchsetzen – und dann schieben wir die Schuld auf den anderen, anstatt für mehr Klarheit zu sorgen. Deshalb: Sie setzen sich nicht gut genug durch? Dann schieben Sie weder sich noch dem anderen den Schwarzen Peter zu, sondern sorgen Sie für mehr Klarheit!

Als ich mich zum Beispiel wieder mal darüber beschwerte, dass mein Holder noch immer nicht eine gewünschte Software auf meinem Notebook installiert hatte, sagte dieser lapidar: »Entschuldige, du sagtest nicht, dass es wichtig oder dringend ist. Wenn du möchtest, dass ich etwas bis zu einem bestimmten Termin erledige, dann nenn mir doch bitte auch diesen Termin!« Ich erschrak gewaltig. Meinem Liebsten einen Termin setzen? Das hörte sich nun wirklich wenig freundschaftlich an – aus meiner Sicht. Aus seiner Sicht trieb ihn meine unklare Wunschartikulation innerlich die Wände hoch, Marke: »Was will sie denn von mir? Was habe ich denn jetzt wieder falsch gemacht?!«

Wenn Sie Mühe haben, sich durchzusetzen, checken Sie erst einmal ab, ob dem anderen wirklich vollständig klar ist, was Sie und wie Sie es von ihm wollen. Meistens ist es das nicht. Und weil vielen Frauen nicht so ganz klar ist, was Klarheit in der Wunschartikulation bedeutet, vertiefen wir das jetzt.

> **Was Sie für unhöflich halten, halten die meisten anderen Menschen für unklar**

Checkliste: Klare Wünsche werden wahr

Erst wenn Sie ausnahmslos alle Ws klarmachen, geben Sie dem anderen eine Chance, Ihre Wünsche zu erfüllen. Vorher weiß er doch gar nicht, was Sie von ihm wollen!

❑ **Was** genau möchten Sie? Bitte so kurz und exakt wie möglich, zum Beispiel nicht: »Es dauert immer noch ewig, wenn ich PDF-Dateien öffnen muss!«, sondern: »Bitte installier das neue Upgrade vom Adobe Reader.« Ein klares Was bedeutet auch: Reden Sie nicht um den heißen Brei herum. Viele Frauen machen das, weil sie nicht »so fordernd« erscheinen wollen. Weil sie »höflich« sein wollen. Was sie dabei übersehen: In den Augen des/der anderen »eiern« sie herum – und bleiben total unklar. Das ist dann weder klar noch höflich.

Musterbeispiele für klare Wünsche

❑ Wann soll der Wunsch erfüllt sein? Den Tag, wenn nötig die Stunde angeben. Also nicht: »Wenn es dir recht ist« oder »So schnell wie möglich«, sondern: »Ich benötige die Unterlagen bis Donnerstagvormittag.« Das ist nicht diktatorisch, sondern höflich und klar.

❑ Welches Ziel soll erreicht werden? »Räum dein Zimmer auf!« funktioniert zum Beispiel deshalb so selten bei Kindern, weil nur eine Tätigkeit beschrieben wird, aber das Ziel fehlt. »Räum dein Zimmer so auf, dass du deine Klamotten alleine findest – ohne dass ich dir ständig beim Suchen helfen muss!« Das ist ein erreichbares Ziel.

❑ Was genau soll der Partner tun? Meist reicht es nicht, den Wunsch zu äußern. Gerade bei komplexen Wünschen sollten Sie dem anderen sagen, mit welchen Handlungen er Ihren Wunsch erfüllen kann, beispielsweise: »Überprüfen Sie die Lagerbestände. Achten Sie dabei insbesondere auf … und …«

❑ Welche Punkte sind dabei unverzichtbar? Zählen Sie jene Anforderungen Ihrer Wunscherfüllung auf, die für Sie unverzichtbar sind. Der andere kann schließlich nicht riechen, was Ihnen wichtig ist. Zum Beispiel: »Dabei kommt es mir besonders darauf an, dass …«

❑ Was von alledem hat der andere verstanden? Überwinden Sie sich und fragen Sie: »Was ist daran noch unklar?« Fragen Sie bloß nicht: »Ist alles klar?« Auf diese Suggestivfrage wird kaum jemand mit Nein antworten.

❑ Bei komplexen Aufgaben und im Business empfiehlt es sich, dass Sie den anderen Ihren Wunsch in allen Punkten und in eigenen Worten wiederholen lassen. Dabei können Sie kontrollieren, ob alles bei ihm angekommen ist. Musterformulierung: »Könnten Sie meinen Wunsch bitte in eigenen Worten wiederholen? Damit wir sicher sein können, dass ich mich auch wirklich klar ausgedrückt habe!« Nicht: »… damit ich sicher bin, dass Sie das auch alles verstanden haben!«

❏ In denselben Kontexten empfiehlt es sich auch, alle Ws schriftlich festzuhalten und dem Angesprochenen zu geben – als Gedächtnisstütze. Einige weibliche Führungskräfte haben dafür schon W-Formblätter entwickelt, die bei ihren Mitarbeitern exzellent ankommen – nach dem Motto: »Sie gibt mir immer schwarz auf weiß, was sie von mir erwartet!«

❏ Wenn ein Wunsch nicht in Erfüllung geht, checken Sie nach: Welches W ist bislang noch zu unklar? Natürlich haben Sie sich klar ausgedrückt! Aber wie klar kam das beim anderen an? Beheben Sie diesen W-Mangel – bevor Sie jammern, frusten, sich Vorwürfe machen oder dem Partner bösen Willen oder Schlimmeres vorwerfen.

Meine Güte! Sind das nicht unheimlich viele Ws für einen simplen Wunsch? Sicher. Jetzt wissen Sie auch, warum manche Frauen sich besser durchsetzen: Sie nehmen die Mühe auf sich, ihre Wünsche glasklar zu formulieren. Deshalb ist es nur gerecht, dass ihre Wünsche eher und schneller in Erfüllung gehen.

Rumeiern macht unattraktiv

Viele Frauen haben Probleme mit der obigen Checkliste, weil sie es für unhöflich halten, einem anderen Menschen so detailliert »in seinen Kram hineinzureden«. Dabei ist es gerade umgekehrt:

STOP Höflichkeit kann keine Klarheit ersetzen!

Wenn Sie andere überzeugen möchten, gehört beides dazu: Höflichkeit *und* Klarheit.

Das gilt nicht nur im Umgang mit externen Wunschpartnern, sondern auch für Ihren Umgang mit sich selbst: Je klarer Sie sich Ihre Erwartungen an sich selbst machen, desto eher werden Sie diese erfüllen. Sie können nur das im Leben erreichen, was Ihnen wirklich klar ist.

Darüber hinaus erreichen Sie mit »Höflichkeit« eher das Gegenteil von dem, was Sie eigentlich erreichen wollen. Sie glauben zwar, höflich zu sein. Doch der Rest der Welt denkt sich: »Was eiert sie so herum? Kann sie nicht einfach sagen, was sie möchte?«
Rumeiern ist ganz schlecht für Ihre Ausstrahlung. Rumeiern macht unattraktiv. Attraktivität hat weniger mit Make-up und Kleidung zu tun als mit Ausstrahlung. Charismatikerinnen sind eher Frauen der Tat. Sie machen, anstatt zu zögern, zu zaudern oder zu zicken.

Nutzen gewinnt

Wenn Sie andere für sich gewinnen möchten, sollten Sie so klar wie möglich Ihre Wünsche artikulieren. Das ist absolut notwendig. Doch es reicht oft noch nicht.
»Warum sieht er das nicht endlich ein?« Diesen Satz höre ich häufig von Frauen, die sich nicht durchsetzen.

Bettina zum Beispiel regt sich einmal die Woche über Carlos auf, weil dieser die gemeinsam benutzte Projektablage meist im Zustand totaler Verwüstung hinterlässt. Jedes Mal liest sie ihm die Leviten und jedes Mal kann sie förmlich in seinem Gesicht ablesen, wie er denkt: »Wozu soll ich mir die Arbeit machen? Die Bettina räumt das doch immer wieder auf!« Bettina appelliert ständig an seinen gesunden Menschenverstand: »Hier findet doch keiner mehr was! Außerdem ist es ungerecht, dass alle aufräumen – bloß du nicht!«

Versuchen Sie nicht, an den gesunden Menschenverstand, das Ehrgefühl, die Fairness oder den Anstand eines Verhandlungspartners zu appellieren. Es ist nicht so, dass manche(r) keinen Verstand, Ehrgefühl oder Anstand hat. Es ist nur so, dass der Nutzen hundertmal schwerer wiegt als der Verstand.

So sehr Bettina auch an Carlos' Ehrgefühl appelliert, dieser fragt sich im Grunde nur eines: »Was bringt mir das, wenn ich die Ablage auch noch aufräume?« Nichts. Außer noch mehr Arbeit. Für Carlos gilt: kein Nutzen, keine Action. Und das gilt nicht nur für Carlos. Das gilt für alle Menschen. Auch für Frauen.

 Wenn Sie einen Menschen – auch sich selbst! – trotz aller Klarheit nicht überzeugen können, bieten Sie ihm noch zu wenig Nutzen. Fragen Sie sich, wie Sie den Nutzen so steigern können, dass der Groschen fällt.

Nutzenstiften ist das Geheimnis jeder Motivation, auch der Eigenmotivation, der Durchsetzungs- und Überzeugungskraft. Es gibt nichts Überzeugenderes als den Nutzen. Doch wie stiften Sie Nutzen?

Nutzen stiften

Wenn Nutzen so gut überzeugt – was nutzt Ihrem Ansprechpartner? Sie finden es heraus, indem Sie fragen:

❏ Warum sollte er meinem Wunsch entsprechen?
❏ Was hat er davon? Was bringt ihm das?
❏ Warum sollte er tun, was ich von ihm erwarte?
❏ Wie kann ich ihm meinen Wunsch schmackhaft machen?
❏ Was sieht er als Nutzen, als Erfolg, als etwas Wünschenswertes?
❏ Was kann ich ihm als Nutzen aufzeigen oder anbieten?
❏ Wie groß ist sein Nutzen des Verharrens und wie kann ich seinen Nutzen des Anpackens größer machen?

Je besser Sie sich in Ihr Gegenüber hineinversetzen können, desto eher erfüllt es Ihnen Ihren Wunsch

Wenn Sie einen Menschen für sich gewinnen möchten, führt kein Weg daran vorbei, sich mit seinen Vorlieben, Wünschen, Zielen und Interessen auseinanderzusetzen. Eben dem, was ihm (seiner Ansicht nach!) nutzt. Fragen Sie sich vor allem: Was nützt es ihm, wenn er mich unterstützt?

Die Antwort darauf fällt vielen Frauen schwer. Neulich erzählte mir Simone: »Einer meiner Freunde zeigte mir voller Stolz seine neue Wohnung. Als wir im Wohnzimmer standen, sagte ich: ›Ein paar Topfpflanzen und schöne Vorhänge sind alles, was du noch brauchst.‹ Worauf er sagte: ›Nee du, ein Großbild-TV und eine neue Stereoanlage sind alles, was ich noch brauche.‹ Wir schauten uns an und lachten beide. Da kenne ich ihn nun schon so lange und versuche immer noch, ihm meine Vorlieben als seine zu verkaufen.«

STOP Frauen werden gemeinhin für ihre Empathie gepriesen. Was viele für Einfühlungsvermögen halten, ist jedoch oft genug reine Projektion!

Wir projizieren häufig unsere eigenen Wünsche auf den Partner – ohne das zu merken. Wenn Sie einen anderen überzeugen möchten, dürfen Sie ihm nicht anbieten, was Sie für nützlich halten, sondern was er/sie für einen Nutzen hält!
Um Ihre Wünsche wahr zu machen, müssen Sie erst einmal die des anderen kennenlernen. Sie können keinen überzeugen, dessen Nutzenvorstellungen Sie nicht kennen. Oder anders formuliert: Sie können keinen überzeugen, den Sie nicht ernst nehmen. Oder würden Sie sich etwa von jemandem überzeugen lassen, der Ihre Wünsche nicht ernst nimmt, der Ihre Meinung nicht respektiert und der darauf pfeift, was Sie unter einem Nutzen verstehen?

Übrigens: Wenn Sie nicht wissen, was dem anderen nutzt, fragen Sie ihn doch einfach danach. Auch Bettina tat das: »Carlos, ich bin am Ende mit meinem Latein. Was könnte dich dazu bewegen, die Ablage aufzuräumen?« Die Nutzenartikulation von Carlos war so überraschend wie Nutzenartikulationen meist sind: »Ich mach mir einmal im Jahr die Mühe, alle meine Reports nach Projekt und Datum zu sortieren – aber das juckt ja keinen!« So einfach ist das oft: Carlos als alter Chaot wollte einfach nur die Anerkennung der anderen, wenn er sich schon mal dazu durchringt, die Ablage aufzuräumen. Seit die anderen Teammitglieder ihn für seine Ordnungsbemühungen loben, ist er schon viel ordentlicher geworden.

Mitarbeiter überzeugen

Weibliche Führungskräfte haben manchmal ein paradoxes Problem: Sie sind zwar Vorgesetzte, haben jedoch Schwierigkeiten, sich gegenüber den eigenen Mitarbeitern durchzusetzen. Viele begründen das mit dem sattsam bekannten Argument: »Frauen werden als Führungskräfte weniger respektiert als Männer.« Logisch! Und woran liegt das?
Männliche Führungskräfte weisen knallhart an. Wenn Sie als Frau kein ähnlich wirksames »Motivationsinstrument« haben, sehen Sie allerdings alt aus. Nicht weil Sie eine Frau sind, sondern weil Ihnen ein geeignetes Führungsinstrument fehlt! Was könnte das sein? Sie erraten es:

Wie führen erfolgreiche Frauen?

Auch die eigenen Mitarbeiter wollen überzeugt werden!

Es gibt simple, routinemäßige Aufgaben, die können Sie anweisen (»Tun Sie dies und jenes!«). Komplexe, längerfristige Aufgaben jedoch, die ein hohes Maß an Selbstorganisation, Kreativität, Entscheidungskompetenz, Fachkompetenz und Eigenverantwortung verlangen, werden per Anweisung nur schlecht ausgeführt. Für diese müssen Sie Ihre MitarbeiterInnen motivieren, sprich überzeugen, sprich Nutzen bieten. Was hat der Mitarbeiter davon, wenn er diese Aufgabe zu Ihrer Zufriedenheit erledigt? Das wissen Sie nicht? Das weiß keine Vorgesetzte auf Anhieb.

 Also fragen Sie sich: Was motiviert den Mitarbeiter üblicherweise? Welches sind seine Motive, Interessen, Ziele, Wünsche? Und wie kann ich diese mit der Aufgabe in Verbindung bringen?

Monika zum Beispiel hatte monatelang Probleme mit einem älteren Mitarbeiter. Zunächst schob sie es aufs Alter und aufs Geschlecht: »Ältere Männer lassen sich nur ungern von jüngeren Frauen führen.« Jedes Mal, wenn sie ihm eine Marktstudie übertrug, lieferte er schlechte Arbeit ab. Sie versuchte, ihn mit Incentives zu ködern: »Wenn ich die nächste Studie schneller bekomme, dürfen Sie auf die Leadership-Tagung.« Das interessierte den Mitarbeiter nicht. Warum? Weil Monika das als Nutzen empfand – er jedoch nicht.

Also fragte sie ihn: »Was könnte Sie dazu veranlassen, die nächste Studie in der Hälfte der Zeit zu erledigen?« Er überraschte sie, indem er sagte: »Das würde alles viel schneller gehen, wenn Sie mir genau sagen würden, was Sie von mir erwarten.« Monika fiel aus allen Wolken. Sie hatte dem Mitarbeiter monatelang extra freie Hand gelassen, um ihn nicht »zu gängeln«. Dieser empfand das aber als schwammige Vorgabe. Seit Monika mit ihm vor jeder Studie Punkt für Punkt auflistet, was sie in der Studie sehen möchte, arbeitet der Mitarbeiter »mit Überschall« – und lässt sich nun plötzlich von einer jüngeren Frau führen.

Pain Development

Wie zufrieden sind Sie mit Ihrer Arbeit? Wenn Sie so weitermachen, wo werden Sie in fünf Jahren sein? Hätten Sie sich nicht eigentlich mehr erwartet? Als Sie diesen Job begannen, wohin wollten Sie? Was wollten Sie für sich erreichen? Und wo sind Sie im Gegensatz dazu jetzt gelandet?

Sie fühlen sich von diesen Fragen etwas angeätzt? Sie überlegen sich gerade, ob Sie vielleicht nicht doch Ihren Job wechseln sollten? Dann haben Sie eben Pain Development kennengelernt: Pain Development: Meist werden wir erst dann tätig, wenn es weh tut.

Pain Development ist das Gegenteil von Nutzenstiftung. Die Nutzenstiftung lockt mit etwas Positivem, Pain Development lockt mit der Vermeidung von etwas Negativem. Das Prinzip kennen wir alle. Wir liegen beispielsweise faul auf dem Sofa und sollten eigentlich etwas für die Figur tun. Doch das Sofa ist soo kuschelig. Dann wandern unsere Gedanken weiter. Wir sehen uns in drei Monaten vor dem Spiegel. Auf der Badezimmerwaage. Beim Kleiderkauf. Diese Horrorszenarien tun richtig weh – und schon erleben wir uns beim Schnüren der Joggingschuhe. Warum? Weil wir Pain Development betrieben haben. Wir haben so lange nachgedacht, bis es buchstäblich wehtat.

> **»You gotta be cruel to be kind!«**
> Amerikanisches Sprichwort

STOP Unglücklicherweise verhunzen viele Frauen die wunderbare Technik des Pain Development, indem sie anderen drohen, sie einschüchtern, indem sie zicken oder schmollen.

Zum Beispiel: »Wenn du nicht dein Zimmer aufräumst, bist du kein lieber Junge!« Entschuldigung, aber tut das etwa weh? Nur der Mutter. Dem Bengel ist es doch egal, ob er ein »böser Junge« oder sonstwas ist.

 Drohungen sind langfristig ineffektiv und beziehungsschädlich. Drohen Sie nicht. Zeigen Sie einfach die Konsequenzen auf.

Konsequenzen wirken viel besser. Sie haben außerdem den Vorteil, dass sie umso besser wirken, je sachlicher und freundlicher Sie sie anbringen.

> **z.B.** Bettina könnte Carlos zum Beispiel sagen: »Carlos, wenn du deinen Teil der Ablage nicht aufräumst, werden die Kollegen richtig sauer. Möchtest du, dass wir alle sauer auf dich sind? Der Chef hat auch schon gefragt, wer die Projektberichte immer durcheinander bringt. Wie fühlt es sich an, den Zorn des Chefs auf sich zu ziehen? Erinnerst du dich noch daran, als du einen halben Tag lang die Spezifikationen von Kunde Müller gesucht hast? Möchtest du das wirklich noch mal erleben? Was ist, wenn der nächste Kunde nicht so verständnisvoll ist?«

Pain Development heißt: sachlich, freundlich und deutlich die Konsequenzen aufzeigen.

Sie brauchen nicht zu drohen. Die Konsequenzen sprechen für sich allein. Warum? Weil Ihr Gegenüber an diese Konsequenzen entweder nicht gedacht hat, sie verdrängt oder unterschätzt hat. Sie tun ihm einen Gefallen, wenn Sie ihn auf die Konsequenzen seines Handelns aufmerksam machen. Deshalb funktioniert Pain Development: Weil es eine Win-Win-Situation konstituiert.

❏ Sie können den Konsequenzen größeres Gewicht verleihen, indem Sie sie detailliert beschreiben: »Du kannst dir vorstellen, wie sauer der Chef sein wird. Du kannst dir sicher auch vorstellen, was er sagen wird.«

❏ Die Konsequenzen bekommen auch dann größeres Gewicht, wenn Sie sie werten: »Das wäre eine ziemliche Katastrophe.« Sie dürfen auch in Maßen dramatisieren.

❏ Konsequenzen wiegen schwerer, wenn Sie ganze Kausalketten postulieren: »Wenn das passiert, springt der Kunde ab. Dann erreichen wir unser Monatsziel nicht. Dann reißt uns der Chef

den Kopf ab. Und dann können wir uns die Budgetaufstockung endgültig abschminken.« Überzeugend, nicht?

Jeder Mensch ist anders

Wenn Sie Nutzenstiftung und Pain Development anwenden, werden Sie feststellen, dass die Menschen sehr unterschiedlich darauf reagieren:

❏ Viele Menschen reagieren sehr gut auf Pain Development. Das sind jene, deren Motivationsmechanismus »away from« funktioniert, wie der psychologische Fachausdruck lautet. Diese Menschen motivieren sich dadurch, dass sie sich etwas Negatives vorstellen, das sie verhindern möchten.

❏ Andere Menschen wiederum reagieren allergisch auf Pain Development. Sie empfinden das Nennen der bloßen Konsequenzen tatsächlich als Drohung. Ihr Motivationsmechanismus folgt dem Motto »towards to«. Sie können sich nur dadurch motivieren, indem sie sich ein lohnendes Ziel, einen Nutzen vor Augen halten.

 Tipp Scheren Sie die Menschen nicht über einen Kamm. Wenden Sie Überzeugungstechniken stets individuell an. Überzeugen Sie einen Away-from-Typ stets mit Pain Development, einen Towards-to-Typ mit Nutzenstiftung.

Testen Sie dieses Theorem an Alltagsthemen wie zum Beispiel am Figurproblem. Fragen Sie Ihre Freundinnen, warum diese eine Diät machen. Ein Teil wird antworten: »Damit ich im Sommer in den Bikini passe« (towards to). Der andere Teil wird antworten: »Ich passe in die Hälfte meiner Hosen nicht mehr rein« (away from). Anhand von solchen selbstoffenbarenden Aussagen können Sie die Motivationsstruktur eines Menschen sehr schön erkennen. Mit dieser Kenntnis fällt es Ihnen sehr viel leichter, Menschen zu überzeugen.

Menschen verraten Ihnen von selbst, was sie motiviert

Wie alt sind Sie, wenn Sie fordern?

- ❑ »Sei doch nicht immer so pingelig!«
- ❑ »Sie informieren mich jedes Mal viel zu spät!«
- ❑ »Das finde ich so ungerecht!«
- ❑ »Du bist voll fies!«

So reden Frauen manchmal. Überzeugt das? Viele Frauen meinen ja – sonst würden sie nicht so reden. Beobachten wir die Wirkung, kommen wir zum gegenteiligen Ergebnis:

> **STOP** Appelle, Klagen, Vorhaltungen, Drohungen, Unterstellungen, Anschuldigungen, Anspielungen, Schmollen, Trotzen, Sarkasmus, Zicken, sprachlose Empörung oder die stille Erwartung »Das muss er doch merken!« überzeugen nicht wirklich.

Wenn Sie diese typisch weiblichen »Überzeugungstaktiken« betrachten, welchen Eindruck bekommen Sie? Woran erinnert Sie das spontan? An eine Sechsjährige, die wütend mit dem Fuß auf den Boden stampft und schmollt und zickt und klagt.

> Wenn es ums Durchsetzen geht, sprechen Psychologinnen davon, dass Frauen ins Kindesalter regredieren – sie verhalten sich wie Kinder.

Wenn Frauen regredieren, ziehen sie den Kürzeren, wenn Männer regredieren, setzen sie sich durch

Das heißt, sie fallen in das Verhaltensrepertoire der braven kleinen Tochter zurück, die einen Wunsch hat, aber sich nicht richtig traut, ihn rauszulassen. Auch Männer regredieren. Doch da Jungs vor lauter Frust dem Papa auch mal vors Schienbein treten oder den Teller vom Tisch werfen, führt dieses rabiate Regressionsverhalten im Erwachsenenalter eher zum Durchsetzungserfolg.

Wie stoppen Sie die Regression? Indem Sie sich ihrer bewusst werden. Dazu reicht schon

A) etwas Erfahrung und Achtsamkeit: Gleich wird es stressig – da regrediere ich gerne!
B) eine gute Selbstbeobachtung: Was mache ich gerade? Regrediere ich schon?
C) die Erkenntnis: Ich führe mich hier auf wie eine Sechsjährige!
D) die Wahl der Alternative: Welche Überzeugungstaktiken kenne ich, die besser zu einer Erwachsenen passen?

Sie erkennen daran: Um andere zu überzeugen, benötigen Sie gute Strategien und Taktiken. Sie benötigen aber genauso dringend eine große Portion Achtsamkeit und Selbstreflexion, um zu verhindern, dass Sie sich selbst im Wege stehen.

Keine ungefragten Ratschläge!

Da meine Tage als Unternehmerin, Autorin, Mutter und Partnerin meist sehr lange sind, vergeht zwischen dem Abendbrot und dem Zubettgehen eine Menge Zeit. Wenn wir um 18 Uhr Abendbrot essen, bin ich um 22 Uhr meist wieder hungrig. Ich erinnere mich noch an einen Verflossenen, der mir diesbezüglich eindrücklich demonstrierte, wie mann Menschen gegen sich aufbringt. Als ich wieder mal zu später Stunde an der offenen Kühlschranktür lehnte und nach einem Snack spähte, wanderte er nonchalant an mir vorbei und ließ en passant den Hammer ab: »Jetzt stopfst du dich voll und nachher kannst du wieder nicht schlafen!«
Bevor ich Ihnen erzähle, mit welchem Küchengerät ich ihm daraufhin spontan fast auf den Pelz gerückt wäre, zu des Mannes Ehrenrettung: Er meinte es gut. Er wollte mich davon überzeugen, dass es klüger wäre, sich nicht so kurz vor dem Zubettgehen den Magen vollzuschlagen. Leider bediente er sich dabei einer Killertaktik:

Ratschläge sind auch Schläge!

| STOP | Geben Sie niemals ungefragt Ratschläge! |

Das überzeugt nicht, das bringt die Menschen in Rage. Sie fühlen sich doch auch auf den Senkel getreten, wenn Ihnen jemand ungefragt sagt, was Sie zu tun und zu lassen haben! Auch wenn der andere tausendmal recht hat. Geben Sie keine ungefragten Ratschläge, sondern:

Gut gemeinte Ratschläge gibt es nicht, der schlimmste Feind von gut ist gut gemeint

❑ Sprechen Sie zuerst einmal nur das an, was ein neutraler Beobachter auch sehen könnte: »Du gönnst dir noch einen Snack.« Meist kriegt der andere dann schon mit, worauf Sie hinauswollen. Die Andeutung hat funktioniert.

❑ Zeigen Sie Verständnis für das Dilemma des anderen. Bettina könnte zum Beispiel sagen: »Ich verstehe dich gut. Einerseits falle ich dir auf die Nerven, andererseits findest du oft selbst nichts mehr in der Ablage.« Das öffnet das Gespräch. Vielleicht sagt Carlos daraufhin: »Ja, das ist mein Dilemma. Was soll ich denn tun?« Auf diese Einladung hin ist ein Ratschlag angebracht.

❑ Fragen Sie, aber ganz vorwurfsfrei: »Du isst noch was? Belastet es dich auch nicht?« Dann kann der andere immer noch Nein sagen.

❑ Bieten Sie statt eines Ratschlags Ihre Unterstützung an: »Wenn du Ordnung in deine Ablage bringen möchtest, kannst du dir mein System mal anschauen.«

❑ Senden Sie eine Ich-Botschaft. Statt: »Jetzt stopfst *du* dich voll und nachher wälzt *du* dich im Bett herum!« etwa: »Bitte versteh *mich* nicht falsch. *Ich* mache mir nur Sorgen um deinen Schlaf.« Also daraufhin hätte ich die Hähnchenkeule wieder in den Kühlschrank zurückgelegt ...

Wenn das so einfach ist, warum geben dann immer noch so viele Menschen ungefragt Ratschläge? Weil wir es nicht anders gelernt haben. In Elternhaus, Schule und Unternehmen hören wir tagtäglich, wie Menschen mit ungeeigneten Mitteln versuchen, andere für sich zu gewinnen. Wie sie appellieren, zicken, Sie-Botschaften senden und eben auch ratschlagen.

Niemand hat Ihnen beigebracht, andere zu überzeugen. Genau aus diesem Grund sind wir ja hier! Machen Sie nicht, was alle machen. Wenn Sie überzeugen wollen, machen Sie es lieber richtig.

Welches Argument zuerst?

Diese Frage wird mir in Coachings und Seminaren häufig gestellt. Eine exzellente Frage, denn sie impliziert, dass die Fragende sich ihre Argumente vor einem Gespräch zurechtlegt.

Frequently Asked Question

❏ Die meisten Frauen reden spontan drauflos, wenn sie etwas erreichen wollen. Das haut in der Regel nicht hin. Überzeugen ist wie ein Date. Davor überlegt sich jede Frau erst einmal reiflich: Was zieh ich an?
❏ Listen Sie alle Argumente auf, die Ihnen einfallen.
❏ Werten Sie diese Argumente nach ihrer voraussichtlichen Wirkung.
❏ Bringen Sie die gewertete Liste in eine Rangreihenfolge. Welches ist das stärkste Argument? Welche folgen auf den Plätzen?

Danach stehen Ihnen zwei Strategien zur Auswahl:

A) Die Durchbruchs-Strategie: Das beste Argument, der größte Knaller zuerst!
B) Die dramaturgische Reihe: Beginnen Sie mit dem schwächsten Argument und steigern Sie sich dann.

Wann passt welche Strategie? Das hängt von Ihnen ab. Viele Frauen wollen nicht gleich im ersten Satz den großen Knaller zünden, weil sie das für zu offensiv halten. Die Strategiewahl hängt auch von der Situation ab. Wenn Sie ganz wenig Zeit oder nur Gelegenheit für einen einzigen Versuch haben, können Sie es sich nicht leisten, nicht mit Ihrem besten Pferd loszulegen.

Lamentieren Sie nicht!

»Jetzt, wo ich so viele Außer-Haus-Termine habe und auch noch die Aufgaben der Kollegin übernommen habe, brauche ich dringend einen Firmenwagen. Außerdem haben fast alle Kollegen schon einen und mein eigener Wagen bricht auch bald auseinander!«

Was halten Sie von diesem Überzeugungsversuch? Nicht viel? Dann beglückwünsche ich Sie zu Ihrer Durchsetzungskompetenz. Warum ist so ein Überzeugungsversuch zum Scheitern oder zumindest zu unglaublich zähem Ringen verurteilt? Weil das nicht argumentiert, sondern lamentiert ist. Das ist keine Argumentation, sondern ein Jammern.

STOP Die meisten Menschen glauben von der Argumentation: »Viel nützt viel!« Das Gegenteil ist der Fall!

Bringen Sie nicht zu viele Argumente vor. Beim Überzeugen macht es nur ganz selten die Menge. Masse an sich überzeugt nicht wirklich. Sie beeindruckt vielleicht. Doch dieser Eindruck ist meist negativ, à la: »Mann, die Alte jammert mir das Ohr blutig! Wer will das alles hören!« Auch für die Argumentation gilt die alte Hausregel: Allzu viel ist ungesund! Konzentrieren Sie sich lieber auf die Handvoll wichtigster Argumente.

Warum leiern Frauen gerne zu viele Argumente herunter? Weil sie im Grunde nicht leiern, sondern springen: Kaum sehen sie, dass der Partner auf ein Argument nicht »anspringt«, schieben sie gleich das nächste nach. Ein Fachvorgesetzter sagte mir einmal über eine seiner Mitarbeiterinnen: »Wenn sie ihre Argumente so schnell wegwirft, kann sie ja nicht sonderlich stark davon überzeugt sein!«

Verwerfen Sie ein Argument nicht gleich, bloß weil Ihr Gegenüber die Stirn runzelt. Stehen Sie zu Ihren handverlesenen, auf das Wesentliche konzentrierten Argumenten.

Gehen Sie nicht in die Breite (mehr Argumente), sondern in die Tiefe: Erläutern Sie Ihr Argument, legen Sie nach, verstärken Sie es, fragen Sie nach, warum der Gesprächspartner nicht davon überzeugt ist. Auf gut Deutsch: Stehen Sie zu Ihrer Meinung!

Was nützt Ihnen das beste Argument, wenn Sie nicht dazu stehen?

Checkliste: Überzeugend!

☐ Wenn Sie sich nicht durchsetzen möchten, weil »sich durchsetzen« so hart klingt oder Sie glauben, dann nicht mehr von allen gemocht zu werden – verzichten Sie deshalb nicht auf Ihre Wünsche!

☐ Versuchen Sie es statt mit Durchsetzen doch mal mit Überzeugen.

☐ Legen Sie sich vor dem Gespräch die besten Argumente zurecht.

☐ Je klarer Sie Ihren Wunsch äußern, desto eher wird ihm entsprochen.

☐ Je größer der Nutzen ist, den Sie anbieten oder aufzeigen, desto eher gewinnen Sie Menschen für sich und Ihre Wünsche.

☐ Away-from-Typen lassen sich am schnellsten mit Pain Development überzeugen.

☐ Widerstehen Sie der Versuchung, bei Überzeugungsversuchen zu regredieren.

☐ Geben Sie keine ungefragten Ratschläge.

6   Vom Nein zum Ja

Manche Frauen werfen bei der ersten Ablehnung die Flinte
ins Korn. Ich werde bei der zehnten erst richtig warm.
Silke W., Unternehmerin

Ablehnung trifft Frauen hart

 Neulich stand ich am Kartenschalter der Bahn an. Die Frau an der Spitze der Schlange wollte eine Rückfahrkarte für ihre beiden Kinder, die sie wohl gleich in die Nachbarstadt schicken wollte. Sie erklärte dem Beamten, dass sie mit dem Kartenautomaten nicht zurechtkäme. »Tut mir leid«, sagte der freundliche Schalterbeamte. »Unsere Automaten geben für Kinder nur einfache Fahrten aus. Die Kinder müssen am Zielort wieder an den Automaten.« – »Ach so ist das. Entschuldigung«, sagte die Frau und wandte sich zum Gehen, da hielt sie eine andere Frau aus der Schlange auf und sagte zu dem Beamten: »Die Kinder sind noch zu klein, um den Automaten allein zu bedienen. Bitte stellen Sie ihnen ein handgeschriebenes Ticket aus.« Der Beamte machte das typische Auch-das-noch!-Gesicht, für das die Service-wüste Deutschland auf der ganzen Welt hohes Ansehen genießt. Aber er füllte das Ticket aus.

»Guck mal an«, dachte ich mir. »Zwei Frauen von entgegengesetzten Enden der Durchsetzungsskala.« Die eine äußert ihren Wunsch noch nicht einmal explizit, das muss die andere für sie tun. Die eine gibt schon nach dem ersten, zaghaften, indirekt formulierten

Versuch auf – und entschuldigt sich auch noch für ihre unausgesprochene Bitte! Die andere insistiert und setzt sich durch, ohne dass ihr irgendwer auch nur im Entferntesten böse sein könnte. Eine durchsetzungsstarke Frau. Freundlich, hilfsbereit und stark. Vor allem weil sie ihre bewundernswerte Durchsetzungsstärke einsetzt, um Schwächeren zu helfen.

STOP Geben Sie die Illusion auf, dass Durchsetzungsstärke egoistisch sei!

Das Gegenteil ist der Fall: Je durchsetzungsstärker Sie sind, desto stärker können Sie sich für Schwache einsetzen.

Fürchten Sie Ablehnung nicht! Rechnen Sie damit!

Wie reagieren Sie auf direkte oder indirekte Ablehnung? Etwa wie die junge Mutter am Bahnschalter? Sie schien von der wenig entgegenkommenden Reaktion des Schalterbeamten völlig überrascht zu sein. Sie erwartete Hilfe, er speiste sie mit einem halbgaren Spruch ab, sie war verblüfft und trat den Rückzug an.

STOP Wie wollen Sie sich durchsetzen, wenn Sie schon beim ersten zaghaften Anzeichen von Ablehnung Ihre Wünsche über Bord werfen?

Aber was soll frau denn sonst tun? Zum Beispiel Folgendes:

 Rechnen Sie mit einem Nein! Ablehnung kann Sie nur dann überraschen, wenn Sie sich überraschen lassen. Deshalb: Egal, was Sie wünschen, wollen oder vorhaben, rechnen Sie von vornherein mit (mindestens) einem Nein!

Antizipieren Sie es! Sehen Sie es voraus! Stellen Sie sich darauf ein, dass andere Menschen nicht begeistert auf Ihren Wunsch reagieren.

Machen Sie sich folgenden zweigliedrigen Gedankengang zur Wunschroutine:

A) Was wünsche ich mir?
B) Und wer könnte etwas dagegen haben? Was?

Oder wie eine Coachee es mal ausdrückte: »Es ist mein gottgegebenes Recht, Wünsche zu äußern. Und es ist das Recht jedes anderen Menschen, etwas gegen meine Wünsche zu haben. Trotzdem behalten wir beide dieses Recht!« Gleiches Recht für alle. Was tat die gute Mutter am Schalter? Sie stellte den Wunsch des Beamten, in Ruhe gelassen zu werden, über ihren eigenen Wunsch. Wenn alle Wünsche gleich viel wert sind, dann war das ein eklatanter Verstoß gegen die Gleichberechtigung! Ich wette, unter diesem Gesichtspunkt haben Sie die vorschnelle Art vieler Frauen, sich unterzuordnen, noch nicht betrachtet.

> **Wunsch und Einwandsantizipation gehören zusammen!**

Nehmen Sie's nicht persönlich!

Warum können viele Frauen nicht mit Ablehnung umgehen? Weil sie sie persönlich nehmen.

STOP Frauen unterscheiden meist nicht zwischen Person und Sache. Wenn einer ihrer Wünsche abgelehnt wird, denken beziehungsweise fühlen sie unbewusst und reflexhaft: »Ich bin es, die abgelehnt wird!«

Das ist natürlich Unfug. Aber weil dieser Unfug unbewusst abläuft, muss frau erst einmal darauf kommen, dass sie sich mit dieser Assoziation selbst ein Bein stellt.
Wenn Sie auf Ablehnung stoßen: Achten Sie auf Ihre Gefühle der Zurückweisung. Dann lassen Sie Ihren gesunden Frauenverstand sagen: »Nicht *ich* werde abgelehnt, sondern die Sache!«

Sagen Sie sich das so oft, bis es wirkt. Das erfordert ein wenig Übung, weil wir die Selbstbezichtigung unbewusst meist schon ein ganzes Leben pflegen. Doch es ist nie zu spät für ein besseres Leben.

Personal Risk Management

 Juliane, 26-jährige Produktmanagerin, träumt seit Monaten davon, endlich eine eigene Projektgruppe zu übernehmen. Sie hat schon jede Menge toller Konzepte entwickelt und sich auch nach potenziellen Teammitgliedern umgesehen. Als sie dem Geschäftsführer den Vorschlag macht, ein kleines Projekt zu übernehmen, sagt dieser: »Ich dachte, das wüssten Sie. Bei uns können Sie nur ein Projekt übernehmen, wenn Sie über dreißig sind.« Juliane fühlt sich, als ob mann ihr den Boden unter den Füßen weggezogen hätte.

Im Coaching drehte sie auf: »Das ist doch reine Willkür! Seit wann hat Kompetenz etwas mit Alter zu tun? Wie können die da oben bloß so borniert sein?« Mich beschäftigte eine ganz andere Frage: »Verstehe ich das richtig: Sie haben sich vorgestellt, dass der Geschäftsführer einfach so Ihren Vorschlag annimmt?« Bei Juliane fiel erst das Kinn nach unten und dann der Groschen:

 Lassen Sie sich von Hindernissen, Blockaden, Querschüssen und Steinen, die man Ihnen in den Weg legt, doch nicht so schnell ins Boxhorn jagen! Lassen Sie sich von bösen Überraschungen nicht überraschen! Rechnen Sie, ja planen Sie damit!
Das heißt: Legen Sie zu jedem Wunsch automatisch auch eine Liste mit potenziellen Hindernissen an. Die Fachfrau nennt das übrigens Risk Management. Welches ist Ihr Wunsch? Welches sind seine Risiken? Wie bereiten Sie sich auf den Risikofall vor?

Natürlich gibt es auch Risiken, die unvorhersehbar sind. Doch wenn Sie sich auf die vorhersehbaren vorbereiten, erwerben Sie dabei genügend Risikokompetenz, um auch die unvorhersehbaren, die so genannten Imponderabilien, erfolgreich zu bewältigen.

Wer einen Wunsch hat und nicht mit etwaigen Einwänden, Bedenken oder Ablehnungen rechnet, handelt naiv. Die Welt ist nun einmal kein Schlaraffenland.

Von der Bedrohung zur Herausforderung

Das liest sich so locker: »Nehmen Sie Hindernisse nicht so schwer!« Juliane ging emotional richtig in die Knie, hätte vor Frust fast losgeheult, als der Geschäftsführer ihren Wunsch nach einem eigenen Projekt abschmetterte. Warum? Weil sie die Absage in der Sache automatisch, unbewusst und reflexhaft als persönliche Zurückweisung auffasste, als unüberwindliche Bedrohung, als zwischenmenschlichen Affront. In ihrem Inneren kamen die Worte des Chefs so an: »Sie sind nichts wert, weil Sie noch keine Dreißig sind! Außerdem mag ich Sie nicht!«

Das hat der Chef nie und nimmer gesagt. Und würden Sie es ihm unterstellen, würde er die boshafte Unterstellung mit Entrüstung von sich weisen – und es damit absolut ehrlich meinen. Der Chef hat nichts gegen Juliane. Doch das hält Juliane nicht davon ab, ihm das zu unterstellen. Das nennt mann gerne »weibliche Intuition« oder die Kunst, Dinge in Äußerungen hineinzuinterpretieren, die niemals gesagt oder gemeint waren.

Was fühlen Sie bei einem Nein? Frust oder Zuversicht?

STOP Eine der zuverlässigsten Strategien der Selbstsabotage ist, eine Ablehnung persönlich zu nehmen.

Der Geschäftsführer lehnte Julianes *Vorschlag* ab, doch Juliane fühlte sich spontan und unreflektiert *persönlich* abgelehnt.

Niemand wird Sie daran hindern, bei einer Ablehnung dummes Zeug zu denken. Doch Sie können sich daran hindern, das dumme Zeug zu *glauben*.

Ordnen Sie Ablehnungen richtig ein. Die Fachfrau nennt das auch Reframing. Nützlich sind dabei folgende Überlegungen:

- ❑ Sie fühlen sich nach einer Ablehnung manchmal, als ob man Ihnen die Luft rausgelassen hätte? Verdrängen Sie dieses Gefühl nicht. Die Verdrängung ist weit schädlicher als das Gefühl selbst.
- ❑ Gestehen Sie sich offen zu: »Ich reagiere gerade sehr emotional.« Das ist Ihr gutes Recht.
- ❑ Fragen Sie sich genauso offen: »Nehme ich die Sache vielleicht ein wenig zu persönlich? Wurde meine Idee oder meine Person abgelehnt?« Diese Frage reicht meist schon aus, um Ihren gesunden Frauenverstand wieder einzuschalten.
- ❑ Reframen Sie: »Die Ablehnung heißt nicht, dass mein Wunsch jetzt und für alle Zeiten gestorben ist. Es heißt lediglich, dass ich eine Verhandlung beginnen sollte.«
- ❑ Verstärken Sie diesen Vorsatz: »Was soll er/sie von mir halten, wenn ich jetzt so schnell aufgebe? Das sieht doch so aus, als ob mein Wunsch mir nicht wichtig ist!«
- ❑ Machen Sie sich selbst Mut: »Ich habe gute Argumente. Ich bin es mir schuldig, meinen Wunsch auch gegen Widerstände zu verteidigen.« Das setzt voraus, dass Sie sich tatsächlich einige Argumente zurechtgelegt haben.

Es ist nur allzu verständlich, dass Sie Ablehnung oder Widerstände zunächst als Bedrohung auffassen. Doch jede Bedrohung lässt sich in eine Herausforderung verwandeln.

Nein heißt nicht Nein?

Vielleicht lassen Sie sich von Ablehnung auch deshalb zu schnell entmutigen, weil Sie es gewohnt sind und erwarten, dass ein Nein

respektiert wird, dass Nein auch Nein bedeutet. Wenn Sie abends an der Bar ein Typ abschleppen möchte und Sie Nein sagen, dann heißt das Nein auch Nein. Aber wenn Sie einem Sechsjährigen auftragen, sein Zimmer aufzuräumen und er sagt trotzig »Nein!«, dann kann das ja wohl nicht das Ende vom Lied sein, nicht wahr? Es gibt Situationen, in denen ein Nein nicht diskutiert werden darf. Aber es gibt noch viel mehr Situationen, in denen ein Nein schlicht eine Aufforderung ist, näher auf den Neinsager einzugehen.

Sie haben genug gesunden Frauenverstand, um beide Situationen zuverlässig voneinander unterscheiden zu können. Vor allem da Männer generell und aus Prinzip zu bestimmten Frauenwünschen erst einmal Nein sagen – mit dem Hintergedanken: »Alte, nun lass mich bloß in Ruhe damit!« Wollen Sie ihnen etwa den Gefallen tun? Dachte ich's mir. Loten Sie lieber den Spielraum aus: Wo liegt der Verhandlungsfreiraum? Was kann ich noch für mich herausholen?

Wie reagieren Sie auf ein Nein?

z.B. Margot, die Chefkreative in einer Modefirma, würde gerne für ihre neue Produktlinie eine Kampagne in der Brigitte starten. Ihr kaufmännischer Geschäftsführer sagt: »Zu teuer. Und überhaupt: nicht unsere Zielgruppe.« Margot macht große Augen und läuft nach dem Meeting schnurstracks zu Sylvia, ihrer besten Freundin in der Musterabteilung. Auf Sylvias Frage, was Margot dem Geschäftsführer erwidert hat, sagt sie: »Erst mal gar nichts. Mit dem rede ich doch gar nicht mehr!« Sie schmollt also. Dann heult sie sich bei ihrer besten Freundin aus: »Der redet mir alle meine Ideen schlecht!« Nachdem sie Dampf abgelassen hat, lenkt Margot ein: »Eigentlich hat er ja nicht ganz unrecht. So eine Anzeige in der Brigitte kostet einfach zu viel.«

Zeigen Sie für ein Nein nicht mehr Verständnis als für Ihren Wunsch!

Was tut Margot da? Sie redet sich das Nein schön. Sie hat plötzlich mehr Verständnis für den Geschäftsführer als für ihre eigenen Wünsche! Die Psychologin nennt das Identifikation mit dem Aggressor. Falls Sie sich hin und wieder dabei ertappen: Hören Sie auf damit!

 Verwenden Sie Ihre Energie nicht hauptsächlich darauf, sich auszuheulen, Verständnis für den Neinsager aufzubringen oder sich das Nein schönzureden. Verwenden Sie Ihre Kraft hauptsächlich darauf, sich für Ihre Wünsche starkzumachen!

Ausheulen tut gut und ist nötig. Aber wenn Sie es dabei bewenden lassen, haben Sie ein Durchsetzungsproblem. Verwenden Sie auf die Durchsetzung Ihrer Wünsche mindestens genauso viel Energie wie auf das Schmollen, Trotzen und böse über den Neinsager Reden. Reagieren Sie ausgewogen auf Ablehnung: Erst Schmollen, Trotzen und Ausheulen – und danach wieder Starkmachen für den eigenen Wunsch.

Das Schneewittchen-Syndrom

Warten Sie darauf, dass der Märchenprinz Sie küsst?

Wenn Sie bei Widerstand oder Ablehnung zu schnell die Flinte ins Korn werfen, kann das auch am Schneewittchen-Syndrom liegen. Ich litt in jungen Jahren lange Zeit unter meiner unbewussten Erwartung, dass die Geschäftswelt der dynamischen und adretten jungen Frau doch die Wünsche von den Augen ablesen müsse. Dass jeder Mann ein Märchenprinz ist, der mir nicht nur jeden Wunsch erfüllt, sondern mich auch noch von der bösen Stiefmutter befreit. Sie können sich meine Frustration in frühen Jahren vorstellen, als ich auf meine ersten vehementen Neins und verschlossenen Türen stieß. Natürlich ist es bequem und entspricht darüber hinaus dem netten Frauenbild, sich wie Schneewittchen tot zu stellen und auf den königlichen Wunscherfüller zu warten. Wäre ich bei dieser

Strategie geblieben, würde ich heute wohl noch warten – und dieses Buch wäre nie geschrieben worden.

 Tipp Es klingt hart, doch nichts ist härter als die Wahrheit: Mädels, wenn ihr was wollt, wartet nicht auf den Märchenprinzen, sondern kümmert euch selber um eure Wünsche!

Wer mit dieser inneren Selbstständigkeit durchs Leben geht, steckt am Bahnschalter eben nicht gleich schmollend zurück, wenn der Bahnbeamte sich affig benimmt. Wer gewohnt ist, für sich selbst zu sorgen, fällt beim ersten Nein nicht gleich in eine ohnmachts-ähnliche Demutsstarre. Wenn Sie also das nächste Nein hören, fragen Sie sich doch mal, wer für Ihre Wünsche zuständig ist, wer für Sie sorgt. Die Antwort wird Sie darin bekräftigen, auf das Nein einzugehen und in Verhandlungen zu treten. Wie die Amerikaner als Abschiedsformel sagen: »Take care!« Pass auf dich auf, sorg gut für dich. Wer zum Kuckuck sollte es sonst für Sie tun? Der Gatte, der Partner, der Chef? Haben diese Märchenprinzen nicht alle mehr oder weniger jämmerlich versagt? Aber hallo! Selbst ist die Frau. Männer sind ganz nette Beigaben der Schöpfung. Aber wenn es um die wirklich wichtigen Dinge des Lebens wie Kinderkriegen, Familie, Beziehung, Romantik, Lebensglück, die Wahl des Urlaubs-ortes oder neue Schuhe geht, dann überlassen Sie das doch auch nicht einem Mann, oder? Machen Sie den Bock nicht zum Gärtner.

> **Sorgen Sie in wichtigen Dingen für sich selbst. Wer sollte es sonst für Sie tun?**

Wahre Stärke kommt von innen

Wie fühlen Sie sich nach einer Ablehnung? Vielleicht manchmal als ob Ihnen jemand die Luft rausgelassen hätte, enttäuscht, frustriert, geschwächt. Das ist normal. In Ihrem Kopf flüstern Stimmen vielleicht: »Lass es sein! Gib es auf!« Diese Stimmen sitzen tief in uns drin.

> **Kämpfen Sie nicht gegen Ihre Gefühle!**

Doch das ist glücklicherweise nicht das Einzige, was tief in Ihnen schlummert. Gleich neben dieser Stimme lebt noch etwas: Ihr ursprünglicher Wunsch. Erinnern Sie sich? Sicher. Doch im Moment der Enttäuschung erinnern wir uns nicht daran. Wir spüren nur die akute Enttäuschung. Sie deckt alles andere zu. Deshalb:

 Im Moment der Enttäuschung ist Ihr Geist auf die Ablehnung oder das Hindernis fixiert. Lösen Sie sanft seinen Blick und lenken Sie ihn wieder auf das, was Sie stark macht: Ihren Wunsch.

Fragen Sie sich ganz bewusst: Warum möchte ich das, was ich möchte? Erinnern Sie sich aktiv selbst daran. Wünsche, Motive, Präferenzen und Träume sind mächtige innere Stärken. Wir sollten uns dann auf sie besinnen, wenn es darauf ankommt. Wecken Sie diese innere Stärke! Sie ist wie eine Achtjährige: Manchmal am frühen Morgen kaum wachzukriegen – doch wenn wir sie wachgekitzelt haben, ist sie nicht mehr zu bremsen! Wir alle haben diese mächtigen inneren Ressourcen. Wir sollten uns lediglich daran erinnern, sie zu wecken, wenn sie gebraucht werden. Und nie werden sie dringender gebraucht als im Augenblick der Enttäuschung.

 Wenn Sie in entscheidenden Momenten diese innere Stärke verlässt, dann können Sie sie von einem guten Coach oder auch do-it-yourself ankern lassen. Das Ankern ist eine relativ einfache und hoch wirksame Technik des Neurolinguistischen Programmierens (NLP), das es Ihnen ermöglicht, Ressourcen praktisch auf Knopfdruck abzurufen.

Ablehnung überwinden

Wie überwinden Sie ein Nein? Viele Frauen versuchen es mit Überreden: »Nun komm schon! Sei doch nicht so! Gib dir einen Ruck!« Manche klimpern begleitend mit den Wimpern. Ich kenne keine Frau, die mit Überreden und Wimpernklimpern wirklich etwas erreicht hätte. Die meisten sind deshalb auch sehr unzufrieden mit diesen Techniken, schieben die mangelnden Ergebnisse jedoch auf den Verhandlungspartner: »Der/die sieht das einfach nicht ein!« So redet jemand, der sich nicht durchsetzen kann.

> **STOP** Wer sich nicht durchsetzen kann, schiebt es gerne auf den Verhandlungspartner. Überreden, Überzeugen und Zutexten verhelfen Ihnen nur selten und unter hohem Aufwand und Beziehungsschaden zur Durchsetzung.

Hören Sie auf damit. Verlassen Sie sich bei der Überwindung von Ablehnung lieber auf Ihren gesunden Frauenverstand: Sie kennen Ihre Pappenheimer. Menschen haben Interessen. Diese Interessen sind mehr oder weniger bekannt. Also können Sie sich von vornherein auf diese vorbereiten und dem Partner in der Verhandlung den Wind des Widerstands aus den Segeln nehmen: »Ich habe vermutet, dass Sie meinem Vorschlag nicht gleich zustimmen können. Ich habe dafür Verständnis. Andererseits möchte ich um Ihr Verständnis bitten, dass mir die Sache wichtig ist. Wie können wir zusammenkommen?« Und schon sind Sie mitten in der Verhandlung.
Verhandeln ist immer besser als ein Nein als endgültige Absage zu interpretieren.
Manchmal kennen Sie den Verhandlungspartner zu wenig oder ein Nein wird Sie überraschen: Sie wissen nicht, warum er/sie Nein sagt. Was machen Sie dann? Dem Prinzip treu bleiben: Sie können über ein Nein nur dann verhandeln, wenn Sie die Gründe dafür kennen.

Also fragen Sie den Gesprächspartner danach. Geeignete Fragen sind:

- ❑ »Warum nein?«
- ❑ »Was befürchten Sie, wenn Sie ja sagen?«
- ❑ »Können Sie nicht oder wollen Sie nicht?«
- ❑ »Was bewegt Sie zu diesem Nein?«
- ❑ »Können Sie mir die Gründe für Ihre Ablehnung erläutern?«
- ❑ »Unter welchen Voraussetzungen könnten Sie ja sagen?«
- ❑ »Ihr Nein überrascht mich jetzt. Helfen Sie mir auf die Sprünge?«

Ich weiß, das kostet Überwindung. Es ist so viel bequemer, der Enttäuschung nachzugeben und die Flinte ins Korn zu werfen, zu schmollen oder zickig zu werden. Aber irgendwann ist jede Frau dieser Taktiken müde. Weil es so frustrierend ist, seine Wünsche ständig zurückzustellen. Wenn ich die Wahl zwischen Resignation und Fragenstellen habe, weiß ich, wofür ich mich entscheide. Sie offensichtlich auch – sonst hätten Sie nicht zu diesem Buch gegriffen.

 Finden Sie heraus, warum ein Partner Nein sagt. Dann verhandeln Sie darüber, wie dieses Interesse gewahrt bleibt – und gleichzeitig Ihr Wunsch erfüllt wird.

Auf Deutsch: Verhandeln Sie über einen Interessenausgleich. Dieses Vorgehen führt stets zu einem wesentlich besseren Ergebnis als Überreden, Zutexten oder mit den Wimpern klimpern. Nehmen Sie mich beim Wort: Probieren Sie's!

»Das Leben ist eine endlose Kette von Frustrationen!«

Das sagte mir mal eine sehr frustrierte Coachee. Sie hatte monatelang versucht, der Hierarchiekette eine Prozessoptimierungsmaßnahme zu verkaufen, hatte schon Abteilungs- und Bereichsleiter

hinter sich gebracht und bekam nun plötzlich das überraschende Veto eines Vorstandsmitglieds um die Ohren gehauen.

 Rechnen Sie nicht mit einem Nein des Gesprächspartners. Rechnen Sie mit Dutzenden Neins!

Erschreckend? Und doch tröstend zugleich. Dutzende Neins erschrecken zunächst einmal wegen der schieren Größe der Zahl. Doch wenn Sie ganz bewusst damit rechnen, sorgt schon allein Ihre Antizipation dafür, dass die Neins gar nicht mehr so drohend erscheinen: Womit frau rechnet, das kann frau nicht mehr wirklich schocken.

Frauen sind in dieser Hinsicht oft realistischer als Männer. Während im Projektteam die Männer selbst den kleinsten Anfangserfolg wie einen Sieg feiern, sind Frauen meist nüchterner: »Das wird noch ein langer Weg! Da müssen wir noch viele Hindernisse überwinden.«

 Jessica ist eine sehr talentierte Innendienstverkäuferin. Sie ist beliebt bei vielen Kunden. Sie hat nur Riesenprobleme mit »schwierigen« Kunden. Ihre Vorgesetzte sagt: »Spätestens beim fünften Nein eines Interessenten bricht sie das Gespräch ab.« Ihre Neintoleranzschwelle ist sehr niedrig. Warum? Weil ein Nein sie immer sehr stark frustriert.

Frauen denken und handeln harmonieorientiert. Ein Nein stört die Harmonie und raubt Kraft. Wie kommen Sie wieder zu Ihrer Kraft? Indem Sie negative in positive Energie verwandeln.

Frustration ist ein Gefühl, das runterzieht. Verwandeln Sie es in eines, das Sie wieder aufrichtet!

Viele Frauen verwandeln Enttäuschung zum Beispiel in Wut, indem sie sich sagen: »Na so was! Jetzt aber erst recht!« Andere verwandeln Frust in Aggression gegenüber dem uneinsichtigen Verhandlungspartner: »Du Pflaume, jetzt werde ich dir aber heim-

So menschlich Frust auch ist: Bleiben Sie nicht darin stecken!

leuchten!« Klar, das denkt frau sich, das sagt sie nicht. Manche finden durch die Frustration auch wieder zu sich und ihrer eigenen Stärke, zur Autonomie zurück: »Okay, sie ist dagegen. Gebe ich meinen Wunsch deshalb jetzt auf? Nein. Dafür ist er mir zu wichtig.«

 Bleiben Sie in belastenden Gefühlen nicht stecken. Wenn sich das Gefühl nicht von selbst in etwas Positives verwandelt, helfen Sie ihm auf die Beine.

Der Mensch und insbesondere Frauen sind von Haus aus positive Wesen – sonst hätten sie nicht Zehntausende von Jahren überlebt. Eine depressive Spezies stirbt zwangsläufig aus. Das heißt: Menschen finden immer wieder Wege aus der Niedergeschlagenheit. Manchmal bleiben wir auf diesem Weg stecken. Dann leisten Sie sich selbst Pannenhilfe! Das nennt man auch emotionale Intelligenz.

Warten Sie auf die nächste Ablehnung und deren Frustration – oder stellen Sie sich Ihre letzte Frustration vor. Spüren Sie das Gefühl? Wo sitzt es? Wie fühlt es sich an? Verwerfen Sie das Gefühl nicht, machen Sie ihm oder sich keine Vorwürfe – das macht das Gefühl nur stärker. Akzeptieren Sie es lieber. Das gelingt am besten, indem Sie es benennen und begrüßen: »Aha, das also ist Frustration.« Oder: »Ich fühle mich so verletzt!« Oder noch besser: »Willkommen Hilflosigkeit. Danke, dass es dich gibt.« Fühlt sich gut an, oder? Gefühle sollte frau nicht bekämpfen. Denn damit bekämpfen wir uns nur selbst – das heißt, selbst wenn wir dabei gewinnen, verlieren wir gleichzeitig dabei. Oft reicht die Akzeptanz der Frustration schon aus, um sie in ein konstruktives Gefühl zu verwandeln. Manchmal müssen Sie ein wenig nachhelfen: »Okay, so fühle ich mich, wenn ich frustriert bin. Wohin möchte ich mit meinen Gefühlen jetzt?« Seien Sie versichert: Es wird Ihnen immer etwas einfallen. Der Gefühlsreichtum von Frauen ist sagenhaft. Nutzen Sie diesen inneren Reichtum.

Spätestens an Übungen wie dieser wird klar, warum das Buch für Frauen geschrieben ist: Geben Sie diese Übung mal einem Mann. Guter Witz, nicht? Ein Witz, den nur Frauen verstehen.

Einwandbehandlung

 Äußern Sie niemals einen Wunsch, ohne vorher drohende Einwände antizipiert zu haben!

Profis machen das übrigens gerne schriftlich, weil es die Gedanken klärt und besser vorbereitet:

❑ Listen Sie alle möglichen und unmöglichen Einwände auf.
❑ Versehen Sie sie mit einer geeigneten Argumentation. Die Fachfrau sagt auch Einwandbehandlung dazu.
❑ Üben Sie Ihre Einwandbehandlung »trocken«, bis die Formulierungen sitzen.

Frauen sind bei dieser Art der Vorbereitung notorisch schwach. Immer wieder erlebe ich Dialoge wie diesen:
Sie: »Mach doch bitte dies und das heute noch!«
Er: »Tut mir leid, keine Zeit!«
Sie: »Immer sagst du, du hast keine Zeit!« Oder: »Hm, blöd, wann machst du es dann?«
Schwach, nicht? Wenn mir auf einen Einwand nichts anderes einfällt als Rumzicken, Vorwürfe zu verteilen oder eine zaghafte Suggestivfrage zu stellen, dann darf ich mich nicht wundern, wenn mir keiner meinen Wunsch erfüllt.
Besser ist folgende Einwandbehandlung:
Er: »Keine Zeit!«
Sie: »Die Aufgabe benötigt ungefähr zehn Minuten. So viel Zeit findet sich immer!«

Oder: »Dann mach es eben in der Kürze der Zeit. Es muss nicht perfekt, sondern nur erledigt sein.«

Darauf wird ein echter Mann nicht mit Zustimmung, sondern mit einem weiteren Einwand antworten: »Entweder ich mache es richtig oder gar nicht!«

Korrekte Einwandbehandlung daraufhin: »Da hast du etwas missverstanden. Richtig ist die Sache, wenn sie erledigt ist. Wenn sie nicht erledigt ist, ist sie falsch. Du willst mir jetzt nicht ernsthaft sagen, dass du etwas absichtlich falsch machen möchtest? Dachte ich's mir doch. Es bleibt dabei: Heut noch, bitte.« Wenn Sie dazu freundlich lächeln, trifft's den Partner nicht so hart – oder umso härter. Denn eine Frau, die nicht nachgibt und dabei auch noch souverän lächelt, wirft selbst den stärksten Kerl aus den Socken.

Einwandbehandlung ist eine Kunst wie Kochen, Backen, Tennisspielen oder Yoga: Je öfter und lieber Sie üben, desto besser werden Sie dabei.

Feilen Sie täglich an Ihrer Einwandbehandlung: Was lief heute gut? Was sollten Sie sich also als Erfolgsrezept merken? Was lief nicht so gut? Was wollen Sie beim nächsten Mal anders machen? Überlegen Sie sich überzeugende Gegenargumente für alle denkbaren Einwände – und feilen Sie an deren Formulierung.

Oft meinen Frauen: Wer Deutsch spricht, kann auch Einwände behandeln. Das ist völliger Unfug. Wer eine Bambusmatte hat, kann deshalb noch lange nicht Yoga. Yoga kann nur, wer es übt. Also legen Sie jeden Tag Ihre paar Minuten Einwandbehandlungs-Yoga ein. Übung macht die Meisterin.

Seien Sie doch nicht so kompromissbereit!

Annika: »Ich brauche bis zum Fertigungsbeginn am Montag 150 Sonderteile von Artikel Nummer 48A.«

Fertigungsleiter: »Tut mir leid, das schaffen wir nicht bis Montag.«

Annika: »Gut, dann bin ich fürs Erste auch mit 100 zufrieden.«

Ist es nicht schön, wie kompromissbereit Frauen sind? Bullshit! Glücklicherweise hat Annika eine Vorgesetzte, die den Fertigungsleiter kurz danach kräftig zur Brust nimmt:

»Warum schaffen Sie keine 150 bis Montag?«

»Weil das Projekt Müller unsere Kapazität auslastet!«

»Aber sonst geht's Ihnen gut? Projekt Müller hat Priorität C und wir haben A.«

»Aber dann muss ich die Fertigungsstraße extra umrüsten!«

»Genau dafür gibt es Prioritäten! Damit Umrüstungen gerechtfertigt werden können. Diese ist offensichtlich gerechtfertigt. Also frisch ans Werk, wenn ich bitten darf.«

Fühlt sich das nicht gut an? Aber hallo! Was hat Annika falsch gemacht?

STOP   Fangen Sie nicht gleich mit Feilschen an!

Viele Frauen setzen Verhandeln oder Durchsetzen unbedacht mit Feilschen gleich. Das ist Unfug. Feilschen ist nur ein winziges Element bei Verhandlungen. Ein Element, das frau erst ganz zum Schluss einsetzen sollte, wenn sie alle anderen Techniken bereits eingesetzt hat – und nicht gleich zu Beginn einer Verhandlung!

Klar ist Feilschen einfacher und bequemer, als es richtig zu machen. Aber ich dachte, wir sind hier, weil Sie sich durchsetzen wollen. Nicht, weil Sie es sich einfach und bequem machen wollen. Einfach und bequem machen wir es uns auf dem Sofa …

Einwandbehandlung für Fortgeschrittene

   Besonders erfolgreich werden Sie Einwände behandeln können, wenn Sie Verständnis zeigen.

Sie: »Machen Sie doch bitte heute noch die Portfolio-Analyse fertig!«

Er: »Keine Zeit!«

Sie: »Ich verstehe, Sie haben gerade viel um die Ohren.«

Verständnis reduziert Reaktanz. Auf Deutsch: Je glaubwürdiger Sie einem Menschen Verständnis entgegenbringen, desto stärker nehmen Sie ihm den Wind des Widerstands aus den Segeln. Seltsamerweise mangelt es Frauen trotz der viel gepriesenen Empathie regelmäßig an glaubwürdigem Verständnis. Deshalb ging die obige Verständnisartikulation auch in die Hose:

Er: »Ich hab überhaupt nicht viel um die Ohren. Aber für so einen Kram habe ich einfach keine Zeit. Ich habe Wichtigeres zu tun!«

Sie: »Was ist denn gerade wichtiger?«

Er: »Der Meier-Auftrag und die Feasibility-Studie für den Chef!«

Sie: »Klar, die beiden sind superwichtig. Schön, dass Sie Ihre Prioritäten so gut schützen. Aus diesem Grund möchte ich, dass Sie das Portfolio heute noch durchrechnen. Das hat ebenfalls oberste Priorität. Machen Sie mir bitte einen Vorschlag, wie Sie das unterbringen können.«

Merke: Eine in Einwandbehandlung geübte Frau lässt sich nicht so leicht davon abbringen, Verständnis zu zeigen. Wenn sie kein Verständnis für die Zeitknappheit des Mitarbeiters zeigen darf, dann eben für seine Prioritätenpflege.

Aber eigentlich ist der Einwand des Mitarbeiters doch eine Frechheit, oder? »Keine Zeit!« Das ist doch billig! Und unverschämt obendrein!

STOP Wenn Sie dem Fight-or-Flight-Reflex (Kampf-oder-Flucht-Reflex) aufsitzen und sich über unverschämte Einwände aufregen, sich in Rage bringen lassen oder stumm zurückstecken, haben Sie schon verloren.

Denken Sie nicht »Unverschämt!«. Überlegen Sie lieber: Was will er/sie mir damit sagen? Was steckt hinter dem Einwand? Versuchen Sie, den Einwand zu *verstehen*. Denn wenn Sie den Einwand nicht verstehen, können Sie auch kein Verständnis zeigen. In unserem Beispiel musste die Vorgesetzte erst verstehen lernen, dass es nicht

an der knappen Zeit des Mitarbeiters lag, sondern an den Prioritäten.

 Einwände lassen sich wesentlich leichter überwinden, wenn Sie den Einwandsträger auffordern, selber einen Vorschlag zur Überwindung seines Einwands zu machen.

Eben wie oben geschehen: »Machen Sie mir bitte einen Vorschlag, wie Sie das unterbringen können.«

Einwandbehandlung für die Meisterin

Lotta: »Wenn Sie Ihre neue Dusche ohne erhöhte Umrandung möchten, dann brauchen Sie einen abgesenkten Fußboden im Bad.«
Kunde: »Geht nicht, der Boden ist schon gefliest.«
Lotta: »Ja, schon, aber die Absenkung ist keine große Sache. Jedenfalls besser als eine überschwemmte Wohnung.«
Für wie überzeugend halten Sie das? Richtig, für wenig überzeugend. Tatsächlich hing Lotta danach noch eine halbe Stunde mit dem »uneinsichtigen« Kunden im Clinch, weil man sich nicht einig werden konnte.

STOP Unter den einfallslosen Einwandbehandlungen ist das »Ja-Aber« eine der erfolglosesten.

Das Ja-Aber überredet keinen und überzeugen tut es gleich dreimal nicht. Es bewirkt geradezu das Gegenteil: Es provoziert Widerstand, weil sich kein Mensch gerne widersprechen lässt. Warum nicht? Weil jeder Widerspruch sagt: »Ich habe recht und du hast unrecht. Ich setze mich über deine Interessen hinweg.« Das nimmt kein Mensch widerspruchslos hin. Das würden Sie sich auch nicht gefallen lassen, oder?
Wenn Sie jemanden überzeugen möchten, sollten Sie sich nicht über seine Interessen hinwegsetzen. Das geht immer schief.

Es gibt keine Einwandbehandlung ohne Interessenklärung!

Die Aufgabe lautet vielmehr: seine und Ihre Interessen zusammenbringen. Dazu müsste man zuerst einmal wissen, welches seine Interessen überhaupt sind. Auch Lotta versucht, ihren Kunden zu »überzeugen«, ohne dessen Interessen zu kennen. Sie kennt nur seinen Wunsch: Er will eine Dusche ohne erhöhte Einfassung. *Warum* er das möchte, welches Interesse dahintersteht, das weiß Lotta nicht. Weil sie ihn nicht danach fragt. Das sollte sie aber. Zum Beispiel so:

Lotta: »Warum möchten Sie denn eine Dusche ohne erhöhte Einfassung?«

Kunde: »Weil ich nicht jedes Mal drübersteigen möchte!«

Lotta: »Wenn wir den Duscheboden ein wenig absenken würden, dann könnten Sie das ebenfalls erreichen.«

Kunde: »Auf die Idee bin ich noch gar nicht gekommen!«

Diese Einigung hat nur zehn Sekunden gebraucht. Beim Ja-Aber war man sich auch nach einer halben Stunde noch nicht einig.

Die Meisterin der Einwandbehandlung findet nicht nur einen Ausgleich der Interessen, sie beherrscht auch die Nutzenschaffung.

 Betrachten wir das Beispiel von Renate, einer 34-jährigen Kontakterin in einer Frankfurter Werbeagentur.

Renate: »Ich plädiere für Druckerei A, weil sie tadellose Qualität liefert.«

Kunde: »Druckerei B ist aber billiger! Und die Qualität ist nicht wesentlich schlechter!«

Renate: »Ja, aber wenn Sie in letzter Minute einen Druckauftrag noch ändern müssen, macht das der A. Der B kann das bei seiner knappen Kalkulation nicht machen!«

Kunde: »Sagen Sie mir nicht, wie ich mein Geschäft führen soll!«

Renate ist danach stinksauer: »Warum sieht der dumme Kerl nicht ein, dass er mit Lieferant A besser fährt? Wenn er wieder mal in letzter Minute den Druck anhalten lässt, dann schaffen wir bei Drucker B den Termin nie und nimmer! Warum sieht er das nicht ein?«

Weil das nicht sein Nutzen ist. Sie sehen: Der Nutzen begegnet uns in jedem Kapitel. Der Nutzen ist der beste Freund der Durchsetzungsstärke.

Den Auftrag in letzter Minuten zu ändern und trotzdem noch den Termin zu halten ist der Nutzen von Renate und ihrer Agentur. Der Kunde kennt dagegen offensichtlich nur einen Nutzen: Kostensenkung! Im Folgegespräch hat Renate das auch dank eines rasch eingeschobenen Coachingtermins ebenfalls erkannt:

Renate: »Von den letzten fünf Aufträgen haben Sie sich viermal in letzter Minute eine Druckänderung gewünscht. Lieferant B macht das entweder nicht – oder haut Ihnen einen Expressänderungsaufschlag von 20 Prozent drauf. Drucker A liefert dagegen ohne Aufschlag. Das heißt: Er ist im Preis zwar 5 Prozent teurer als B, aber in seinen effektiven Kosten 15 Prozent billiger!« Nachdem Renate das dem Kunden dreimal vorgerechnet hat, hat er es auch geschnallt – weil es ein Kostenargument und damit sein Nutzen ist.

> **Haben Sie den Blick für den Nutzen?**

Es ist eine hohe Kunst, den Nutzen eines Menschen herauszufinden und die eigenen Argumente so zu modifizieren, dass sie diesem Nutzen dienen. Doch wer diese Kunst beherrscht, ist in seiner Argumentation praktisch unschlagbar.

Was ist Ihre BATNA?

Der menschliche Geist ist ein seltsames Ding. Jedem guten Verkaufsleiter ist zum Beispiel bekannt, dass manche Verkäufer, die wegen Erfolglosigkeit gekündigt wurden, in der Zeit zwischen Kündigung und Ausscheiden aus dem Unternehmen sämtliche Umsatzrekorde brechen. Warum? »Weil jetzt der Druck weg ist!«, sagen die Verkäufer, die über ihren unverhofften Erfolg oft am heftigsten erstaunt sind – und verbittert: »Jetzt erfülle ich meine Umsatzziele! Jetzt, wo's nicht mehr drauf ankommt!« Warum? *Weil* es nicht mehr darauf ankommt.

> **Ohne Druck setzen Sie sich besser durch**

Forscher an der Harvard Business School haben Vergleichbares für Verhandlungen festgestellt:

Am erfolgreichsten setzen sich jene Menschen durch, die sich nicht durchsetzen *müssen*, die ganz ohne Druck verhandeln können.

Wenn Sie zum Beispiel denken: »Ich muss unbedingt meinen Chef davon überzeugen, dass ich heute Abend früher weg muss. Wenn der mich nicht rauslässt, wäre das eine Katastrophe!« Was kommt dabei raus? Sie können Gift darauf nehmen, dass der Chef Sie abblitzen lässt. Warum? Weil Ihnen die BATNA fehlt – die **B**est **A**lternative **T**o **A N**egotiated **A**greement. Diese Alternative zu einem Verhandlungsergebnis nimmt Ihnen den Druck in Verhandlungen.

Eine BATNA fällt nicht vom Himmel, sondern will entwickelt werden. Ob eine BATNA ausreichend ist, sagt Ihnen Ihr Gefühl: Sobald der Druck raus ist aus der Verhandlung, ist Ihre Alternative ausreichend. Solange Sie noch Druck verspüren, müssen Sie noch etwas an Ihrer BATNA basteln.

STOP Doch Vorsicht! Die BATNA ist eine Flankierungs-Strategie für Fortgeschrittene. Ungeübte missverstehen die Strategie als Anlass für vorzeitiges Aufstecken à la: »Ich muss mich nicht durchsetzen, ich habe ja eine Alternative.«

Fortgeschrittene dagegen haben die diametrale Einstellung: »Ich kann frei von der Leber weg verhandeln – ich muss mir selber keinen Druck machen.« Mit dieser Einstellung verkaufen Verkäuferinnen besser und verhandeln Verhandlerinnen erfolgreicher. Gehen Sie nie ohne BATNA in eine Verhandlung!

Wenn das Schicksal sich gegen Sie verschworen hat

Sind Sie ein Schönwettermatrose?

Es sind nicht immer nur die Menschen, die Ihnen Nein sagen. Genauso oft sind es die Umstände, Sachprobleme, mangelnde

Finanzen oder äußere Zwänge, die Ihnen Steine in den Weg legen, im übertragenen Sinne »Nein« sagen. Viele Frauen geben beim Auftauchen der ersten Hindernisse auf, schreiben ihren Wunsch als unrealistisch ab. Kein Vorwurf, das ist menschlich.

Erfolgreiche, durchsetzungsstarke Frauen zeichnen sich gerade dadurch aus, dass sie an Widerständen nicht scheitern, sondern daran wachsen. Eine sagte mir mal: »Beim Segeln gibt es den Ausdruck ›Schönwettermatrose‹. Bei Sonnenschein und milder Brise kann jeder segeln. Was ein Seemann wert ist, zeigt sich erst auf stürmischer See.« Das ist die richtige Einstellung. Das ist Durchsetzungsstärke.

Eine andere durchsetzungsstarke Frau, berufstätige Mutter von vier Kindern, sagte ihrer Azubine mal: »Frauen überwinden die größten Schwierigkeiten, um ihre Kinder zu gebären und aufzuziehen – und Sie wollen wegen dieses lächerlichen Problemchens die Flinte ins Korn werfen?«

Wenn das Schicksal Ihnen Steine in den Weg legt, sollten Sie sich daran erinnern, dass Sie dem starken Geschlecht angehören.

Ein Nein ist keine Absage, sondern eine Aufgabe

Hüten Sie sich davor, ein Nein oder ein Hindernis zum Anlass zu nehmen, einen Wunsch aufzugeben.

STOP Studien zeigen, dass Frauen Wünsche auch deshalb aufgeben, weil sie ein Nein oder ein Hindernis *überschätzen.*

Das heißt: Die subjektive Angst vor einem Nein oder einem Hindernis ist in der Regel größer als die objektiv feststellbare Bremswirkung. Woran liegt das? Meist an der Einstellung und am Selbstbewusstsein. Taucht ein Nein oder ein Hindernis auf, denken viele Frauen spontan:

A) »Jetzt ist alles aus!«
B) »Das packe ich nicht!«
C) »Dafür bin ich zu wenig …!«

Solche Gedanken sind normal. Nicht normal ist, sie für bare Münze zu nehmen. Es sind nur Gedanken, keine Fakten. Es sind Einstellungen. Ändern Sie sie, zum Beispiel in:

❑   »Das ist ein Hindernis/ein Nein – nicht das Ende der Welt!«
❑   »Ich habe schon ganz andere Herausforderungen gemeistert.«
❑   »Ich habe die nötigen Fähigkeiten, das Hindernis zu überwinden – oder ich verschaffe sie mir!«
❑   »Ich will das aber trotzdem!«
❑   »Jetzt erst recht!«

Es nützt auch, wenn Sie den destruktiven inneren Dialog (»Das packe ich nicht!«) durch konstruktive Fragen ersetzen:

❑   »Was brauche ich jetzt, um meinen Wunsch doch noch wahr zu machen?«
❑   »Was muss passieren, damit es trotzdem noch funktioniert?«
❑   »Wer könnte mir helfen?«

Betrachten Sie Hindernisse nicht als Problem, sondern als Aufgabe.

Diese Veränderung der Sichtweise erfordert eine Umgewöhnung, ist aber mit etwas Übung vor jedem Hindernis machbar. Hilfreich ist in diesem Zusammenhang ein weises Wort von Henry Ford: »Die meisten Menschen scheitern nicht. Sie geben auf.« Das heißt: Wenn Sie sich standhaft weigern aufzugeben, werden Sie sich zwangsläufig durchsetzen.

7 Die fiesen Tricks der Kerls

Ich rufe alle Männer auf, Frauen zu unterdrücken.
Denn sobald sie die gleichen Möglichkeiten haben,
erweisen sie sich als überlegen.
Cato, der Ältere; 2. Jahrhundert vor Christus

Männer tricksen, Frauen fallen darauf rein

Eine Frau muss sich im Leben gegen vieles durchsetzen: gegen widrige Umstände, die Elemente, das Schicksal, neidische Geschlechtsgenossinnen, innere Widerstände – aber auch immer wieder gegen Männer. Leider ist das ein ungleicher Kampf: Männer verwenden oft unfaire Tricks. Frauen fallen darauf rein.

Warum tricksen Männer? Weil sie hinterhältig und gemein sind und Frauen unterdrücken? Das eher selten. Männer haben lediglich seit Jahrtausenden konkurrenzorientiert und kompetitiv zu denken und zu handeln gelernt. Deshalb organisieren sie sich auch hierarchisch: Einer muss immer das Sagen haben; Ober sticht Unter. Sie waren in der bisherigen Menschheitsgeschichte für das Heranschaffen der Nahrung verantwortlich. Dafür war in Zeiten des Säbelzahntigers jedes Mittel recht, weil es buchstäblich ums Überleben ging. Kein Wunder, dass sie tricksen und täuschen, wo es nur geht: Sie halten das intuitiv für erlaubt, weil es eben ums Überleben geht. Dass es seit ungefähr 100 Jahren eben nicht mehr ums nackte Überleben geht, hat sich noch nicht bis ins limbische System herumgesprochen, dessen Programmierung mehrere zehntausend Jahre alt ist.

Frauen dagegen kümmern sich von alters her um die Hausgemeinschaft, weshalb sie sich zirkulär organisieren: Alle sind gleich, keine ist besser. Sie denken und handeln kooperativ und harmonieorientiert.

Männer sind Kampfhähne

Männer wollen ständig konkurrieren, Frauen dagegen kooperieren. Nicht weil eine bestimmte Absicht dahintersteckt, sondern weil beide Geschlechter sich evolutorisch so entwickelt haben. Die meisten Männer wollen gar nicht fies sein – trotzdem verwenden sie fiese Tricks. Leider ist es für die betroffenen Frauen herzlich gleichgültig, ob Absicht oder die Evolution dahinterstehen: Weil Frauen nie zum Tricksen erzogen wurden, fallen sie immer wieder auf die Tricks der Männer herein. Das wollen wir jetzt abstellen.

Für dumm verkauft

Ich habe studiert, promoviert, führe ein Unternehmen und verdiene – ohne übermäßig anzugeben – deutlich mehr als ein Kfz-Mechaniker, Klempner oder Installateur. Aber fast jedes Mal, wenn ich mein kaputtes Auto oder ein defektes Haushaltsgerät bei einem dieser Handwerker zur Reparatur abgebe, höre ich Fragen wie diese:
»Was haben Sie damit angestellt?«
»Wie haben Sie denn das hingekriegt?«
»Das ist bestimmt nicht kaputt! Haben Sie auch den Stecker richtig eingesteckt?«
»Ist überhaupt Benzin im Tank?« (Das fragte mann mich, als der Gaszug gerissen war!)
Als ob eine promovierte Frau zu dumm dafür wäre, den Stecker einer Waschmaschine richtig herum in die Steckdose zu stecken! Warum wurde ich das gefragt? Weil ich eine Frau bin!
Männer verkaufen Frauen gern für dumm.
Sie nehmen sie nicht ernst, unterstellen ihnen Ahnungslosigkeit, übergehen ihre Meinung, ignorieren ihre Einwände oder machen ihre Argumente lächerlich. Das tun sie nicht mit Vorsatz, sondern meist völlig unbewusst, weil »das doch völlig klar ist, ich meine, Frau und Technik – muss ich noch mehr sagen?« (Originalton Installateur).
Warum? Weil der Vorschlag von einer Frau kam. Und eine Frau hat schließlich keine Ahnung von Logistik. Warum nicht? Blöde Frage, weil sie eine Frau ist. Noch Fragen?

Romina erzählt: »Neulich im Meeting fragte der Bereichsleiter nach einem Lösungsvorschlag für ein Logistikproblem. Alle gaben unverbindliches Zeug von sich, weil sich keiner damit auskennt. Ich machte einen konkreten Vorschlag, weil ich mich in meiner Abteilung mit diesem Problem schon beschäftigt habe. Die Kollegen überhörten mich einfach! Die redeten weiter, als ob ich nichts gesagt hätte!«

Adriana ist stellvertretende Amtsleiterin des Amtes für Schule und Sport in ihrer Gemeinde. Als sie zum Coaching kam, erzählte sie: »Letzte Woche, Meeting aller Ressorts, ich als stellvertretende Amtsleiterin für Schule & Sport dabei, der technische Bürgermeister begrüßt die Ressorts der Reihe nach und sagt dann: ›Leider ist von Schule & Sport keiner da!‹ Keiner – das war ich!« Die stellvertretende Amtsleiterin wird einfach ignoriert. Das ist nicht unverschämt. Das ist glatt ein Fall für die Genfer Konvention!

 Lassen Sie sich nicht um alles in der Welt für dumm verkaufen!

Dieser Männertrick funktioniert wie alle Männertricks nämlich nur, wenn frau wie Romina oder Adriana reagiert: sprachlos, verständnislos, widerstandslos. Romina hat sich inzwischen eines Besseren besonnen. Sie sagt: »Es gehören immer zwei dazu: einer, der's macht und eine, die's mit sich machen lässt!« Romina lässt es nicht länger mit sich machen.
Wenn Sie für dumm verkauft werden, decken Sie den Trick auf! Zeigen Sie, dass Sie verstanden haben, was gespielt wird. Romina sagte im nächsten Meeting: »Mir ist klar, dass Sie meinen Vorschlag am liebsten ignorieren würden. Meine Idee zeichnet sich jedoch durch nachweislichen Erfolg aus. Ich habe das getestet, es funktioniert. Also wenn Ihnen die Logistik demnächst um die Ohren fliegt, werde ich mit dem heutigen Sitzungsprotokoll winken und Sie an

Ihren Fehler erinnern!« Das schmeckte den Kollegen ganz und gar nicht. Sie warfen böse Blicke gen Romina. Sie maulten. Aber sie diskutierten daraufhin wenigstens Rominas Vorschlag.

 Es ist nicht angenehm, Männertricks aufzudecken und auszuhebeln. Es ist aber auch nicht angenehm, ihnen auf den Leim zu gehen. Entscheiden Sie von Fall zu Fall, für welche der beiden Unannehmlichkeiten Sie sich entscheiden möchten. Es ist Ihre Wahl. Das ist das Schöne daran. Wer Männertricks durchschaut, kann sie aushebeln oder es bleiben lassen. Wer sie nicht durchschaut, hat keine Wahl.

Gruselkatalog der Grausamkeiten

Männer greifen gerne zu fiesen Tricks. Ich habe einige Beispiele gesammelt, die mir Teilnehmerinnen in Training, Beratung und Coaching erzählten:

Männer spielen nicht fair

❑ Sabines Vorgesetzter hat sie monatelang bei seinem eigenen Vorgesetzten angeschwärzt, indem er die Leistung eines schwachen Kollegen in den höchsten Tönen gelobt, Sabines Leistung aber heruntergeredet hat. Der Oberchef bekam einen völlig falschen Eindruck von Sabine, der nur durch Zufall aufflog. Sabine verlangte daraufhin einen Termin mit dem Oberchef und stellte den Eindruck richtig. Seither liegt sie im Dauerclinch mit ihrem Vorgesetzten.

❑ Paul schaut mindestens einmal die Woche bei Linda im Büro vorbei und gibt ihr Tipps und Hinweise, wie sie ihre Arbeit besser machen kann. Schön? Nein. Linda ist Pauls Vorgesetzte! Doch Paul verhält sich, als ob er der Boss wäre. Linda entwickelt schon körperliche Beschwerden, weil sie sich so darüber aufregt. Nach zwei Coachingsitzungen findet sie den Mut, Paul klipp und klar zu sagen, wer von beiden der Boss ist.

Sie muss dieses Gespräch noch zweimal wiederholen. Dann fällt bei Paul der Groschen.

❏ Celia erzählt: »Wenn die Kollegen sich mal partout durchsetzen wollen, bringen sie die Frau einfach zum Heulen.« Wer mit den Tränen kämpft, kann nicht argumentieren. Männer wissen das. Sie nutzen die größere Emotionalität von Frauen aus, um sich durchzusetzen. Frauen fühlen sich wegen ihres größeren Gefühlsreichtums schneller angegriffen.

❏ »Sie hassen wohl alle Männer?« »Sie gehören wohl auch zu diesen Emanzen!« Wenn Machos die Argumente ausgehen, stellen sie Frauen gerne in die Emanzenecke. Die Frau wird sich bemühen, diesem Vorwurf zu widersprechen – und verliert dabei ihr eigentliches Anliegen aus den Augen.

Was Frauen brutal finden, finden Männer ganz normal

❏ Männer nutzen das Harmoniestreben von Frauen oft gnadenlos aus. Mancher Kunde klagt mir zum Beispiel: »Ach, lassen Sie mir doch was auf Ihren Tagessatz nach. Ich habe so knapp kalkuliert!« In einer Mischung aus Mitleid und Harmoniestreben bin ich oft versucht, der Bitte zu entsprechen – bis sich mein gesunder Frauenverstand einschaltet: »Bloß weil der Kerl nicht rechnen kann, soll ich auf einen Teil dessen verzichten, was ich verdient habe?«

❏ Wenn Männer sich durchsetzen wollen, werden sie recht schnell grob, fies und verbal brutal. Sie benutzen zum Beispiel unspezifizierte Drohungen: »Das sollten Sie sich nochmals gut überlegen, Frau Schmitt!« Die Frau zuckt zusammen und schreckt unwillkürlich zurück, weil sie die Harmonie bedroht sieht.

Was Frauen für unverschämt halten, halten Männer für offene, ehrliche, direkte Kommunikation

❏ Männer erheben ihre eigene unmaßgebliche Meinung zum Gesetz: »Ich gehe davon aus, dass wir das so und so machen«, »Wir kalkulieren mit den Preisen vom Vorjahr!«. Moment mal, sollten wir da nicht drüber reden? Nein. Der Mann hat gesprochen, also ist die Sache für ihn erledigt.

❏ Männer spielen sich gerne als Experten auf. Weil sie das so überzeugend tun, denken Frauen oft: »Offensichtlich kennt er sich aus damit. Ich höre lieber auf ihn.«

❑ Frauen haben gute Ideen. Männer klauen sie und haben dann Erfolg damit. Wir sind geneigt, das als Unsitte einiger ungehobelter Burschen zu betrachten. Das ist Ausdruck unseres Harmoniestrebens. Mit der Realität hat das wenig zu tun: Selbst die Besten unter den Männern klauen wie die Raben. Goethe zum Beispiel druckte drei Gedichte von Marianne von Willemer im »Buch Suleika« ab, ohne die Autorin zu nennen. Erschütternd, nicht? Wenn schon einer unserer größten Dichter zu solch unlauteren Mitteln greift, dann muss uns das beim kleinen Angestellten nicht wirklich wundern.

❑ Wenn Männern die Argumente ausgehen, werden sie gerne laut, schreien herum, hauen mit der Faust auf den Tisch und/oder rücken einem auf die Pelle. Die meisten Frauen geben daraufhin spontan nach, weil die kaum verhohlene Androhung körperlicher Gewalt unausgesprochen im Raum steht.

❑ Männer gehen sehr frei mit der Wahrheit um. Im Klartext: Sie lügen wie gedruckt, wenn es ihren Interessen dient. Sie deklarieren das als Notlüge. Jede von uns kennt zum Beispiel diese »kleinen Gefälligkeiten«, um die wir manchmal gebeten werden und die sich dann als Riesenaufgabe entpuppen, die der Mann einer gutgläubigen Frau aufgeschwatzt hat.

❑ Männer spielen gerne die Expertenkarte: »Was? Das wussten Sie noch nicht?«, »Das ist so und so. Das müssen Sie doch wissen!«, »Wie? Sie kennen das noch nicht?«, »Das ist doch allgemein bekannt!«. Da Frauen sich mit Recht, Finanzen und Technik – also dem ganzen Männerkram – nicht sonderlich gut auszukennen meinen, fallen sie immer wieder darauf herein. Sie glauben unbesehen jedes Wort, das der vorgebliche Experte von sich gibt – anstatt es zu hinterfragen: »Nein, wusste ich nicht. Erklären Sie das mal in verständlichen Worten!«

Und das ist nur eine kleine Auswahl männlicher Tricks im Durchsetzungskampf. Welche Männertricks kennen Sie darüber hinaus? Mit dieser Kenntnis legen Sie bereits den Grundstein für eine erfolgreiche Trickabwehr.

Stellen Sie Männer unter Trickverdacht!

Das Blöde an Männertricks ist, dass Frauen sie nicht als solche erkennen, sondern für bare Münze nehmen. Ein Mann spielt sich zum Beispiel als Experte auf, obwohl er keine Ahnung vom Sachgebiet hat – aber frau glaubt ihm, weil seine Show so überzeugend ist. Wenn sich hinterher seine Ahnungslosigkeit offenbart, fasst frau sich an den Kopf: »Wie konnte ich ihm bloß so auf den Leim gehen?« Weil sie den Trick nicht durchschaut hat.

Um nicht auf einen Trick hereinzufallen, müssen Sie ihn zunächst als solchen erkennen!

Wie gelingt Ihnen das? Indem Sie Männer unter Generalverdacht stellen:

Befinden Sie sich in einer Durchsetzungssituation? Dann gehen Sie von der Prämisse aus, dass Männer zu tricksen versuchen. Nehmen Sie nichts, aber auch gar nichts, was der Mann in dieser Situation sagt, für bare Münze. Betrachten Sie jede seiner Äußerungen erst einmal als Trick. Wenn Sie sich irren, richtet das keinen Schaden an. Wenn Sie sich nicht irren, vermeiden Sie damit, dass Sie es sind, die den Schaden tragen muss.

Frauen geht es
um die Sache,
Männern ums Ego

Checkliste: Männertricks durchschauen

❏ Wenn Frauen verhandeln, geht es ihnen um die Sache. Deshalb nehmen sie an, dass es Männern auch um die Sache geht. Das ist leider falsch. Männern geht es meist ums Ego. Sie wollen nicht so sehr die Sache voranbringen, sondern recht haben und dabei gut aussehen. Deshalb tricksen sie. Rechnen Sie mit diesen Tricks!

❏ Prüfen Sie jede Äußerung eines Mannes anhand der Frage: Geht es ihm wirklich noch um die Sache oder schon wieder um sein Ego? Diese Frage schützt Sie davor, auf Tricks hereinzufallen, die nur dem männlichen Ego dienen.

❏ Vertrauen Sie nicht auf Sachkenntnis oder gar Expertise eines Mannes in einer Durchsetzungssituation. Er wird seine Kenntnis im Zweifelsfall nicht dazu benutzen, Sie zu informieren, sondern um seine Meinung durchzusetzen.

Sie sind die einzige
Expertin, der Sie
vertrauen können

❏ Informieren Sie sich deshalb vorab gründlich über das Sachgebiet, über das verhandelt wird. Damit Sie erkennen können, wann er die Wahrheit sagt und wann er trickst. Werden Sie selbst zur Expertin. Dann kann Sie kein Experte mehr über den Tisch ziehen.

❏ Das heißt nicht, dass Sie alles, was ein Mann sagt, als Lüge ansehen sollten. Doch prüfen Sie alles, was er sagt, erst vor dem Hintergrund Ihrer eigenen Expertise.

❏ Reicht Ihre Sachkenntnis dafür nicht aus, fragen Sie nach: »Was genau heißt das? Wie kommen Sie zu dieser Aussage? Erklären Sie mir das in verständlichen Worten.« Vertrauen Sie nicht blind, sondern nur nachvollziehbaren und glaubhaften Begründungen.

❏ Versorgen Sie sich vorab mit Benchmarks und Usancen: Was ist in der verhandelten Sache üblich? Was haben andere gemacht?

Wohlgemerkt: Nicht jeder Mann lügt immer und überall. Doch selbst die besten Männer reitet manchmal ihr Ego. In diesen Situationen sollten Sie dem Teufelsritt nicht hilflos ausgeliefert sein.

Emotionale Stärke

Paradoxerweise fallen Frauen selbst dann auf Männertricks herein, wenn sie diese durchschauen! Die meisten Frauen durchschauen zum Beispiel, wenn ein Mann sich bloß produziert und große Töne spuckt. Trotzdem sagen sie nichts, weil sie sein Verhalten so affig finden, dass sie einfach sprachlos sind oder es für unter ihrer Würde ansehen, sich auf ein so tiefes Niveau zu begeben.

Es reicht nicht, einen Männertrick zu erkennen. Sie brauchen auch die innere Stärke, etwas dagegen zu unternehmen.

Die erste Reaktion vieler Frauen auf Männertricks ist: »Wie kann er bloß so gemein sein? Warum ist er so fies zu mir? Was habe ich ihm getan?« Das geht Ihnen manchmal auch so? Was können Sie tun?

 Wenn Ihre Gefühle Sie überwältigen, können Sie jederzeit das Gespräch abbrechen.

Viele Frauen schämen sich dafür zu sehr. Das ist unbegründet. Wenn Sie mit Tränen der Frustration kämpfen, ist jede weitere Verhandlung sinnlos. Jeder Mensch hat das Recht auf Redefreiheit. Dazu zählt auch das Recht, nicht zu reden, wenn Sie nicht reden wollen. Brechen Sie das Gespräch ab, vertagen Sie, sammeln Sie sich wieder – und bereiten Sie sich besser auf die nächste Runde vor!

Wenn Sie bereits so stark sind, dass Sie keinen Gesprächsabbruch brauchen, können Sie getreu dem alten Grundsatz »Störungen sofort auf den Tisch!« eine so genannte Meta-Kommunikation anbringen. Sie kommunizieren über die Kommunikation: »Ich

fühle mich von Ihrer Äußerung persönlich angegriffen. Bitte unterlassen Sie das.«

Erstens erleichtert es ungemein, das anzusprechen, was Sie verletzt. Und zweitens reagieren die meisten Männer darauf positiv, weil sie nicht vorsätzlich verletzen wollten, sondern sich lediglich im Ton vergriffen haben. Männer kommunizieren nun mal offener und direkter, da ist eine Entgleisung in Richtung Unhöflichkeit schnell passiert.

 Wenn Sie sich noch stärker fühlen, können Sie auch zum verbalen Gegenangriff übergehen.

Sie dürfen dann zynisch, sarkastisch, zickig, aggressiv oder arrogant werden – wenn Sie möchten und wenn Ihnen das liegt. Zum Beispiel:

- ❏ »Sie greifen mich persönlich an – gehen Ihnen die Argumente aus?«
- ❏ »Sie können noch so laut werden, Ihre Argumente werden dadurch nicht besser.«

Ich persönlich bin vorsichtig mit solchen Gegenangriffen: Ich möchte mich nicht auf das Niveau des Angreifers herablassen. So will ich einfach nicht auf meine Mitmenschen wirken – auch wenn sie sich danebenbenehmen. Dass ein Mann verbal in die Kloschüssel greift, heißt noch lange nicht, dass ich es ihm nachtun muss.

Deshalb setze ich im doppelten Sinne gerne auf betonte Sachlichkeit: »Bitte bleiben Sie sachlich!« Oder: »Ich bin nicht bereit, unser Gespräch in diesem Stil weiterzuführen. Bleiben Sie sachlich, dann reden wir weiter.«

Schämen Sie sich nicht Ihrer Verletzlichkeit! Ich weiß, dass in weiblichen Hinterköpfen oft das männliche Dictum herumspukt: »Not tough enough for business!« Das ist Humbug!

STOP Machen Sie sich nicht Ihre Verletzlichkeit zum Vorwurf. Frauen haben nun mal eine größere emotionale Intelligenz als Männer. Sich deshalb zu schämen wäre wirklich dumm.

Es gibt noch einen Grund, weshalb Frauen sich übel mitspielen lassen, ohne sich zu wehren. Ganz tief in uns drin steckt die unartikulierte Furcht: »Wenn ich mich wehre, bricht er den Kontakt zu mir ab, spricht er nicht mehr mit mir!« Unser Harmoniestreben vergrößert diese Angst oft ins Unermessliche. Wie die meisten Ängste ist auch diese völlig übertrieben: Niemand bricht den Kontakt zu Ihnen ab, bloß weil Sie sich wehren. Und wenn schon? Wozu brauchen Sie einen Kerl, der sich im Ton vergreift und dann nicht mehr mit Ihnen reden will, bloß weil Sie ihn auf seine Unhöflichkeit aufmerksam gemacht haben?

Schnippisch hilft nicht

Wie reagieren Frauen, wenn ein Mann unfaire Tricks einsetzt? Mit Empörung, Frustration und Selbstmitleid: »Wie kann er nur? Das ist nicht zu fassen! Wie soll ich mich denn dagegen wehren?«

STOP Empörung ist menschlich. Sie ist jedoch gefährlich, wenn Sie darin stecken bleiben.

Carolin zum Beispiel hat alle technischen Unterlagen ihrer Abteilung, die schon seit Monaten über alle Schreibtische verstreut herumlagen, gesammelt und katalogisiert. Das Erste, was ihr Abteilungsleiter dazu sagt, ist: »Die Gliederung ist nicht tief genug gestaffelt und die Querverweise reichen nicht.« Carolin reagiert total verbittert. Anstatt sie dafür zu loben, dass sie als Einzige in der Abteilung eine Arbeit angepackt hat, die jeder andere vor sich herschob, kriegt sie eins vor den Latz geknallt. Aus dieser Verbitterung heraus wird sie schnippisch: »Sie haben heute wohl Ihren kritischen Tag!« Diese schnippische Bemerkung ist völlig verständ-

lich. Doch was erreicht sie damit? Dass der Abteilungsleiter sie zurechtweist und sie nicht das bekommt, was sie wollte: Anerkennung.

 Beobachten Sie Ihre Spontanreaktion auf Männertricks. Sowohl was Ihre Gefühle als auch was Ihre Erwiderung angeht.

Sie fühlen sich enttäuscht? Gut. Fühlen Sie die Enttäuschung, nennen Sie sie beim Namen, heißen Sie sie willkommen, würdigen Sie sie. Dann verwandelt sich die Enttäuschung nämlich automatisch in ein konstruktives Gefühl. Gleichzeitig verschwindet Ihr spontaner Impuls, schnippisch zu werden.

 Werden Sie nicht schnippisch. Diese Art indirekter Kommunikation versteht kein Mann. Sagen Sie lieber direkt, was Sie sich wünschen.

Carolin könnte zum Beispiel sagen: »Ich packe eine Aufgabe an, vor der sich jeder andere seit Monaten drückt. Ich investiere zwei Tage meiner knappen Zeit. Ich erwarte eine Anerkennung dafür.« Neun von zehn Männern verstehen diese direkte Ansprache.
Warum sprechen so wenige Frauen ihre Erwartungen direkt an? »Das ist doch selbstverständlich, dass man jemanden nicht fertigmacht, nachdem er eine herausragende Leistung gebracht hat!«, sagt Carolin. »Das muss der Chef doch wissen!« Das ist ein grundlegender Irrtum, der Frauen davon abhält, sich durchzusetzen: Sich durchzusetzen heißt auch, Selbstverständlichkeiten immer wieder anzusprechen. So lange, bis sie auch dem Trickser selbstverständlich geworden sind.
So selbstverständlich Ihnen eine Sache auch erscheinen mag, dem tricksenden Mann ist sie es offensichtlich nicht. Also reden Sie mit ihm. »Aber es ist doch nicht meine Aufgabe, meinen Chef zu erziehen!«, ist ein weiterer Einwand. Auch das ist ein Irrtum: Sich

durchzusetzen heißt auch, andere zu »erziehen«, das heißt, ihnen mit Wort und Tat zu helfen, ihr Verhalten zu ändern.

Machen Sie aus der Not eine Tugend

Mit welchem Mann reden Sie besonders ungern? Warum? Ich wette, weil er Ihnen mit einer ganz bestimmten persönlichen Besonderheit auf die Nerven geht. Vielleicht ist er ein Chauvi, ein Rechthaber, ein Choleriker oder vielleicht macht er Sie an. Viele Frauen kommen zu dem Schluss: »Mit diesem Menschen kann ich nicht vernünftig reden!« Redet so jemand, der sich durchsetzen kann?

 Es gibt nichts Besseres als eine Marotte. Denn Marotten lassen sich vorhersagen.

Trudi erzählt: »Unser Chef ist ein echter Choleriker. Die meisten Frauen fürchten sich vor ihm. Ich nicht. Ich weiß genau, welche Auslöser ihn austicken lassen, und kann sie vermeiden. Manchmal setze ich sie sogar ganz bewusst ein. Denn wenn er einen Anfall hat, bricht er alles übers Knie. Deshalb bringe ich ihn gerne erst mal ein wenig auf Touren, wenn ich ganz schnell eine Entscheidung von ihm möchte.«

Trudi leidet zwar auch unter der Marotte des Chefs. Doch sie verkriecht sich nicht vor ihr. Sie macht aus der Not eine Tugend. Sie nutzt die Marotte des Chefs, um ihre Wünsche durchzusetzen.

Mit wem reden Sie ungern? Warum? Welche Marotten stecken dahinter? Wie können Sie mit diesen Marotten besser umgehen? Wie könnten Sie sie zu Ihren Gunsten nutzen? Heißt das, Sie sollen den Betreffenden ausnutzen? Nein, denn ein Choleriker zum Beispiel, den Sie bewusst anstacheln, damit er schneller entscheidet, ist ja froh darüber, dass er »entscheidungsstark und dynamisch« die Entscheidung gefällt hat.

Wer handelt, setzt sich eher durch

Es ist nicht angenehm, sich mit unangenehmen Menschen herumzuschlagen? Es wäre bequemer, sie links liegen zu lassen? Richtig erkannt. Doch dieses Buch heißt nicht »Bequemlichkeit für freche Frauen«. Viele wichtige Aufgaben sind nicht unbedingt angenehm – zum Beispiel Kochen oder den Keller aufräumen. Trotzdem wissen wir, dass sie manchmal gemacht werden müssen. Sich durchzusetzen heißt auch, diese Notwendigkeit einzusehen und zu handeln.

Manche Männer sind richtig fies – na und?

Okay, Sie werden fies behandelt – fallen Sie jetzt tot um?

Monika ist unter lauter Männern die einzige Projektleiterin in ihrem Betrieb. Sie sagt: »Der Geschäftsführer regiert in jedes meiner Projekte rein. Den Männern redet er nie drein!« Sie lästert: »In den Besprechungen habe ich manchmal das Gefühl, dass er denkt: So, und jetzt hören wir noch kurz den weiblichen Standpunkt, bevor wir das beschließen, was wir vorab schon entschieden haben.«
Monika hat sich jahrelang höllisch darüber aufgeregt. Das tat sie auch noch in unserem ersten Coaching. Weil ich jedoch der Auffassung bin, dass meine Coachees mehr von mir erwarten dürfen, als sich lediglich eine Stunde lang ungestört aufregen zu dürfen, stellte ich ihr eine simple Frage: »Okay, Sie werden extrem ungerecht behandelt. Nur eine Frage: Wollen Sie sich davon aus der Bahn werfen lassen?«

 Auch wenn Sie es sich noch so sehr wünschen: Niemand kann verhindern, dass Sie auch künftig hin und wieder fies behandelt werden. Sie können das nicht beeinflussen. Was Sie jedoch zu hundert Prozent beeinflussen können, ist Ihre Reaktion darauf.

Wie reagieren Sie auf fiese Tricks? Nur mit Enttäuschung und Frustration? Oder auch mit der Einstellung: »So leicht kriegst du mich nicht unter, Bürschlein!«, »Jetzt erst recht!«, »Du willst dich mit mir anlegen? Kannste haben!«, »Tricks du nur so viel du willst – ich verfolge stur meinen Weg!«.

Viele Frauen wünschen sich, »dass das doch endlich einmal aufhören möge!«, dass die Männer »doch endlich mal vernünftig werden!«. Ein verständlicher Wunsch, der jedoch eher durchsetzungsschwache Frauen auszeichnet. Durchsetzungsstarke Frauen denken und sagen eher: »Trickser wird es immer geben. Ich kann damit umgehen.«

8 Die Waffen einer Frau

Ich halte Frauen für das stärkere Geschlecht.
Zum Glück vergessen sie das oft.
Raymond Chandler

Weibliche Stärken gezielt einsetzen

Erinnern Sie sich an Ihre letzte Enttäuschung? An das letzte Mal, als Sie den Kürzeren gezogen haben, Ja statt Nein gesagt, oder sich haben unterbuttern lassen? Wie fühlten Sie sich dabei (nicht *danach*)? Unwohl, schwach, frustriert, ohnmächtig, wütend, verärgert ...? Ich wette, Sie fühlten so manches, nur eines nicht: Stärke, Selbstbewusstsein, innere Sicherheit. Warum nicht? Weil Sie eben nicht so selbstbewusst sind? Falsch. Sie sind es. Sie hatten es lediglich vergessen.

In Durchsetzungssituationen vergessen wir oft, wie stark wir eigentlich sind.

Wir vergessen, was uns stark macht. Gerade dann, wenn wir unsere Stärken am nötigsten hätten! Deshalb ist es wichtig, dass wir lernen, uns an unsere Stärken zu erinnern, wenn es darauf ankommt. Genau darum geht es in diesem Kapitel.

Gewiss, Männer haben viele Tricks drauf (s. Kapitel 7). Doch auch die Waffen einer Frau sind nicht zu verachten. Im Kampf der Geschlechter stehen sich zwei ebenbürtige Partner gegenüber. Wir Frauen müssen uns lediglich die Mühe machen, uns an unsere Stärken zu erinnern. Beginnen wir damit.

Frauen können mehr

Frauen sind flexibler

Eine der überragenden Stärken von Frauen ist, dass sie auf der *ganzen* Klaviatur spielen können. Männer haben ein viel begrenzteres Verhaltensrepertoire. In Durchsetzungssituationen spielen sie meist den Macho oder den »Seriösen«, den Rambo, den Arroganten, den Steifen, den Trotzkopf oder den Choleriker. Sie legen sich auf eine Rolle fest. Oder fallen Ihnen auf Anhieb jede Menge Männer ein, die sich zur Abwechslung auch mal charmant, zuvorkommend und beziehungsfreundlich durchsetzen können? Eben. Ein Mann würde jetzt fragen: »Wozu auch?« Charmant sind Männer zwar manchmal – aber meist nur dann, wenn sie etwas ganz Bestimmtes von Ihnen wollen.

Frauen dagegen können sowohl die kesse Circe wie auch die toughe Businessemanze geben: Man(n) nimmt ihnen beide Rollen gleichermaßen ab, weil sie beide gleichermaßen überzeugend und glaubhaft ausfüllen können. Das ist ein großer Vorteil. Nutzen Sie ihn.

 Überlegen Sie doch mal, wie viele grundverschiedene Rollen Sie jeden Tag ausfüllen (müssen). Wann sind Sie businessmäßig, wann charmant? Wann umgänglich, wann knallhart? Wann schnurren Sie wie eine Katze, wann sind Sie dickköpfig? Wann fahren Sie die Krallen aus, wann setzen Sie auf Harmonie? Sehen Sie? Sie haben es drauf! Warum fallen Sie dann in Durchsetzungssituationen in immer dieselbe Rolle zurück?

Die meisten Frauen geben in Durchsetzungssituationen ganz unbewusst und unreflektiert nur einen einzigen Frauentyp: die Nette oder die Zurückhaltende, Everybody's Darling, die Büromaus, die Büromieze, die Zicke oder die toughe Emanze.

Wenn Sie in Durchsetzungssituationen nur *eine* Rolle spielen (können), haben Sie ein Problem. Wer sich (unbewusst) auf nur ein Verhalten festlegt, hat schon verloren.

Tipp Erweitern Sie Ihr Repertoire, Ihre Verhaltensmuster, Ihren Stil. Eine der typischen weiblichen Stärken ist die Vielfältigkeit, die Flexibilität im Verhalten, die vielen Hüte, die eine Frau tragen kann – je nach Gelegenheit.

Diese Verhaltensflexibilität wird sogar gesellschaftlich belohnt! Wenn ein Mann in einer Durchsetzungssituation etwas anderes ist als ein gefühlloser Macho, dann gilt er heutzutage gleich als Weichei und Warmduscher (nicht nur unter Geschlechtsgenossen). Eine Frau kann, darf, ja muss dagegen charmant und/oder tough, sympathisch und/oder stark zugleich sein. Das wird erwartet und belohnt.

Welche Rolle spielen Sie ganz automatisch, wenn es hart auf hart kommt? Viele Frauen sagen mir: »Wenn ich so darüber nachdenke – ich fang oft an zu quengeln wie eine Sechsjährige. Ich nörgle an meinem Gegenüber so lange herum, bis er weich wird – oder die Schnauze voll hat von mir. Wenn ich mir vorstelle, wie ich bei ihm ankomme, wird mir ganz flau.«

Und das liegt nicht so sehr an der Quengelei. Das liegt daran, dass es immer *dieselbe* Quengelei ist. Stellen Sie sich vor, wie positiv der Partner reagieren würde, wenn er statt der befürchteten Jammertirade plötzlich eine charmante, eine toughe, eine dominante, eine selbstbewusste, eine ironische, eine partnerschaftliche oder eine … Anfrage oder Forderung hören würde. Wie würde das wohl auf ihn wirken? Angenehm, überraschend, erfreulich, unerwartet – und stark. Sie sehen: Viele Wege führen nach Rom. Und je mehr dieser Wege Sie kennen und beschreiten können, desto eher kommen Sie nach Rom.

Variatio delectat – Abwechslung erfreut

Wie viele Männer dürfen Sie um den Finger wickeln?

Viele Frauen fragen mich: »Darf ich charmant sein, wenn ich mich durchsetzen möchte?« Die Antwort ist ein klares Nein – wenn Sie *nur* charmant sind. Viele Frauen setzen, wenn sie etwas von anderen möchten, automatisch und unüberlegt erst einmal ihr allerliebstes Sonntagslächeln auf und klimpern mit den Wimpern.

Wenn Sie das dreimal am Tag machen, dann gelten Sie im Business bereits als harmloses Frauchen.

STOP Dass Frauen im Beruf oft nicht ernst genommen werden, liegt auch daran, dass sie zu oft zu charmant sind.

❑ Übertreiben Sie es nicht! Hin und wieder charmant zu sein wirkt eigentlich nur dann, wenn Sie auch mal verbal kräftig hinlangen können. Dann allerdings wirkt es umso intensiver.

❑ Beobachten Sie, wer auf Charme wie reagiert. Manche Ansprechpartner sind gegenüber weiblichem Charme sehr aufgeschlossen. Andere dagegen interpretieren Charme als Schwäche – und lassen Sie gnadenlos abblitzen!

❑ Egal, wie charmant Sie auch zur Person sind – das bringt Ihnen nur dann etwas, wenn Sie gleichzeitig zielbewusst in der Sache sind. Die Vereinigung dieser vermeintlichen Gegensätze bringt erst den Durchsetzungserfolg.

Was Charme für Frauen so riskant macht, ist sein oft deplatzierter Einsatz: Viele Frauen setzen ihn als Rückzugsinstrument ein. Sie hoffen durch charmantes Nachgeben auf das Entgegenkommen des jeweiligen Verhandlungspartners. Das ist zwar lieb gemeint, geht aber in einer testosteronen Welt erstens meist nach hinten los, lässt Sie zweitens wie ein typisches weibliches Weichei (»Die Alte bring's nicht!«) aussehen und zerstört drittens Ihr Selbstwertgefühl mit der Zeit. Sie müssen das nur fünf, sechs Jahre konsequent genug machen, dann trauen Sie sich bald gar nichts mehr.

 Charme bringt Sie nur weiter, wenn Sie gleichzeitig hartnäckig zu Ihren Wünschen stehen.

Das hat viel mit Treue, Loyalität und Fürsorge zu tun: Wenn Sie nicht selbst zu Ihren eigenen Wünschen stehen, wer sollte es dann für Sie tun? Der Märchenprinz? Den gibt es nicht.

Claudia ist ein gutes Beispiel für charmantes Zielbewusstsein. Sie verpackt harte Botschaften sehr charmant. Einem Vertriebsingenieur sagte sie: »Herr Müller, ich weiß, dass es eine anspruchsvolle Aufgabe ist. Genau aus diesem Grund wende ich mich ja an Sie. Wenn das einer kann, dann Sie. Ich erwarte Ihre Ergebnisse am Mittwoch, 14 Uhr, keine Minute später.« Dazu lächelte sie freundlich. Dem Vertriebsingenieur war anzusehen, dass er die Aufgabe lieber abgelehnt hätte – doch Claudias charmante Art nahm ihn ein. Er ließ sich breitschlagen.

So ein Vorgehen steht Ihrer Meinung nach in gefährlicher Nähe zum Flirten oder Schleimen? Da haben Sie recht. Deshalb gilt wie bei allen Durchsetzungs-Taktiken: Wenden Sie sie nur dann an, wenn Sie sich dabei nicht verbiegen müssen.

Jemand anderem Honig ums Maul zu schmieren, um seine Wünsche durchzusetzen, fällt vor allem jungen Frauen oft sehr schwer. Sie können es nicht fassen, dass in einer modernen Wirtschaft solche »primitiven Mittel« nicht nur nützlich, sondern absolut nötig sein sollen. Sie warten viel zu lange darauf, dass der andere von selbst »vernünftig« wird. Sie hängen noch viel zu sehr am gütigen Vater, den sie auf alle (autoritären) Männer in ihrem Umfeld projizieren und von dem sie Entgegenkommen erwarten. In den meisten Fällen reicht es schon, diese leicht neurotische Erwartungshaltung zu reflektieren, um sich davon zu emanzipieren. Außerdem habe ich die Erfahrung gemacht, dass eine Handvoll ernst gemeinter Versuche jede Skeptikerin überzeugen:

 Auch wenn Sie sich anfangs überwinden müssen: Holen Sie den Honigtopf raus und schmieren Sie beim nächsten Ihrer Wünsche mal ein wenig. Die Wirkung wird Sie schneller überzeugen, als meine Worte es könnten. Oder wie das Sprichwort sagt: Probieren geht über Studieren.

Wie Sie bemerkt haben werden, ist Charme weniger eine Durchsetzungs-Taktik als eine innere Haltung: Einer starken, selbstbewussten Frau fällt es nicht schwer, auch mal charmant ihre Position zu vertreten. Eine schüchterne Frau traut sich das nicht oder zu selten. Glücklicherweise können Sie den Zusammenhang auch umdrehen: Je öfter Sie charmant, aber hartnäckig Ihre Wünsche verfechten, desto selbstbewusster werden Sie.

Tipps zur charmanten Hartnäckigkeit

❏   Unterschätzen Sie die Wirkung freundlicher, charmanter Worte nicht! Sie können das auch Diplomatie nennen: Wer sich geschmeichelt fühlt, lenkt eher ein!

❏   Selbst wenn Sie sich für einigermaßen charmant halten – üben Sie die charmante Wortwahl in Durchsetzungskontexten. Das fällt am Anfang nicht leicht, ist jedoch reine Übungssache.

❏   Charmante Zielorientierung wirkt so gut, weil sie in unseren verkrampften Zeiten so selten geworden ist. Charmante Hartnäckigkeit wirkt sehr souverän. Und souverän gewinnt!

Setzen Sie auf die beiden Ü: Überwindung und Übung

❏   Charmante Hartnäckigkeit ist möglicherweise nicht etwas, zu dem Sie in Durchsetzungssituationen unbewusst tendieren. Sie muss erst erlernt werden. Das heißt: Wenn es Ihnen schwerfällt, zu lächeln und dabei hart zu bleiben, sind Sie auf dem richtigen Weg! Vieles, was gut und wichtig ist, kostet am Anfang Überwindung und Übung.

❏   Sehen Sie charmante Hartnäckigkeit vor allem im Kontrast zu Ihrer üblichen unbewussten Durchsetzungs-Strategie: Viele Frauen werden unbewusst todernst, sobald sie ein Anliegen haben, werden vorwurfsvoll, schmollen oder werden ungewollt zickig. Wie reagieren Sie in Stress- und Durchsetzungssituationen ungewollt und automatisch? Ersetzen Sie diesen Reflex nach und nach durch charmante Hartnäckigkeit.

❏   Charme in Durchsetzungssituationen ist eine typisch weibliche Stärke: Männer können da nicht mit. Ziehen Sie ganz bewusst diese Trumpfkarte.

Übrigens: Sogar die Chef-Feministin Alice Schwarzer legt hin und wieder ihre bekannte Schärfe ab und zeigt sich von ihrer charmanten Seite – was dann umso stärker wirkt.

Die Monroe-Masche

Manchmal spielen Frauen die Naive, Unwissende oder Hilflose, wenn sie etwas von einem Mann möchten: »Ach könnten Sie nicht …? Ich habe schon alles versucht!« Oder: »Erklären Sie mir das mal! Sie sind doch der Fachmann dafür!« Wenn ein Mann so naiv bittet, ist er sofort unten durch. Ein Mann darf nicht naiv oder hilflos, also *schwach* sein. Bei Frauen ist das was anderes. Da löst dieses Mittel sofort den Helferreflex und Beschützerinstinkt beim Männchen aus.

Die Monroe war göttlich mit dieser Masche. Eine hoch intelligente Frau, die ihr Umfeld perfekt manipulierte, dabei jedoch krass unterschätzt wurde – eben weil sie doch »so adrett und nett« war. Sie schlug nicht mit der Faust auf den Tisch, sie benutzte ihre Hände lieber dafür, um Männer um die Finger zu wickeln. Das Mittel ist so wirksam, weil Männer kein Gegenmittel dafür haben. Sie sind ihm hilflos ausgeliefert, weil der taktische Appell an ihre Grandiosität direkt ihr limbisches System aktiviert – unter Umgehung des Großhirns.

Sich künstlich schwach zu geben funktioniert aber nur dann, wenn frau nicht wirklich schwach *ist*. Wenn sie auch mal die Krallen ausfahren kann. Wenn sie stark sein kann. Dann ist die Masche etwas Herrliches: Sie müssen nicht immer die Starke sein, Sie müssen nicht immer alles (allein) stemmen, Sie müssen nicht für alles und jeden die Verantwortung tragen. Sie können auch mal mit einem charmanten Augenaufschlag und einem bezirzenden Lächeln sagen: »Könnten Sie mir damit bitte helfen?« In einer Zeit, in der Frauen pausenlos stark sein müssen, ist das herrlich erleichternd und entspannend. Wie ein Kurzurlaub. Vorausgesetzt, sie setzen das Mittel dosiert ein.

Wenn Frauen zu Männern werden

Beim Durchsetzen gibt es so etwas wie den Angela-Merkel-Effekt. Privat ist Frau Bundeskanzler auch mal charmant und manchmal fast gelöst. In typischen Durchsetzungssituationen jedoch hat sie dem Vernehmen nach noch nie jemand lächeln gesehen. Zusammen mit dem Jenny-Elvers-Effekt ergibt das zwei hinderliche Verhaltensstereotypen:

STOP Frauen setzen in Durchsetzungssituationen entweder zu stark auf das Blondchenlächeln oder die Bullenbeißermimik.

Sie brauchen beides: Charme *und* Zielorientierung

Beides ist Selbstsabotage, wenn es ums Durchsetzen geht. Um sich durchzusetzen, brauchen Sie Charme *und* Zielorientierung. Claudia sagt: »Gerade wenn ich viel verlange oder eine schlechte Nachricht überbringe, bin ich ausgesucht höflich, freundlich, ja charmant. Aber ich lasse nicht den Hauch eines Zweifels daran, dass ich in der Sache kein Jota vom Kurs abweichen werde.« Woher sie das hat? Sie schmunzelt: »Von der Erziehung meines kleinen Sohnes. Manchmal sage ich zu ihm: ›Schatz, ich habe dich ganz doll lieb. Und jetzt räumst du dein Zimmer auf, sonst passiert hier was!‹« Claudia hat die Erfahrung gemacht: »Charme oder Härte für sich genommen scheitern. Wenn ich nur knallhart bin, komme ich als Unmensch rüber. Wenn ich nur charmant bin, nimmt mich nicht mal mein Kleiner ernst! Wenn ich aber beides bin, bringe ich Stahltüren zum Schmelzen!« Dem ist nichts hinzuzufügen.

Dressed for Success!

Wenn wir von den Waffen einer Frau reden, fällt uns natürlich sofort die Kleidung ein. Wie sollten Sie sich kleiden, wenn Sie sich durchsetzen wollen? Es liegt auf der Hand: nicht zu nett. In diesem Punkt ist es gar nicht so schlecht, bei Angela Merkel abzugucken.

Sie ist stets businessmäßig angezogen. Gedeckte Farben, konservative Eleganz. Wenige, aber dafür hochwertige Accessoires. Schon allein ihr Outfit sagt: »Komm mir nicht blöd. Mach mich nicht an!« Klingt einfach? Mag sein, doch Frauen haben damit oft ein Problem.

STOP Je modischer eine Frau ist, desto größer ist für sie die Versuchung, sich modisch zu kleiden.

Wobei der Irrtum schnell als solcher erkennbar ist. Was ist der Sinn hinter jeder Kleidung? Dass Sie wirken. Und wie ist die Wirkung, wenn Sie sich modisch kleiden? Die Botschaft, die Sie damit senden, ist: »Ich bin modisch up to date! Ich möchte gefallen!« Doch genau diese Wirkung möchten Sie nicht erzielen, wenn Sie sich durchsetzen wollen! Da möchten Sie die Wirkung erzielen: »Nimm mich gefälligst ernst! Mit mir musst du rechnen!« Oder wie mir mal ausgerechnet eine Boutique-Besitzerin schmunzelnd verriet: »Versuch mal, in einer durchsichtigen Bluse mit einem schwarzen Spitzenbustier drunter ein Geschäftsgespräch mit einem Lieferanten zu führen! Ist mir einmal passiert. Der Mann hat mir während 45 Minuten nicht ein einziges Mal ins Gesicht gesehen! Und keinen Millimeter nachgegeben. Der hat gar nicht gehört, was ich gesagt habe. So etwas habe ich bei der Beratung für die Kundin an, damit sie sieht, was gerade top in Mode ist. Doch wenn ich einen Lieferanten oder Banker runterhandeln muss, dann werfe ich mir mein dunkles Jackett drüber!« Eine kluge Frau, die sich nicht nur gut kleiden kann (das kann fast jede Frau), sondern die darüber hinaus auch noch die unterschiedlichen Wirkungen unterschiedlicher Kleidungsstile erkannt hat und bei der Verfolgung ihrer Ziele einsetzt!

Auch ich habe einige Sommerkleider im Schrank, ich denke da vor allem an ein knallrotes, kurz und eng geschnittenes, hinter dem an einem heißen Sommertag in der Augsburger Fußgängerzone jeder Mann herpfeift, der nicht im Koma liegt. Doch wenn ich im Business unterwegs bin, werden Sie mich nie ohne dunkle Jacke,

Dressed for Business! Not for Fashion!

Jackett oder Blazer erleben. Mich hat auch noch nie ein Kunde mit einer Sekretärin verwechselt. Ein Los, das erschreckend vielen Managerinnen beschieden ist. Was kein Wunder ist, wenn eine Managerin wie ihre eigene Sekretärin angezogen ist. Nichts gegen Sekretärinnen. Sie sind die Stützen der Wirtschaft. Doch wenn sie besser angezogen sind als eine Managerin, dann hat die Managerin ein Problem – nicht die Sekretärin oder der Besucher, der sie für eine Sekretärin hält!

Und kommen Sie mir nicht damit, dass Sie nicht wie eine englische Gouvernante oder wie ein Kerl aussehen möchten! Das war vielleicht vor 20 Jahren so. Inzwischen gibt es Businessmode, die absolut seriös und gleichzeitig sehr weiblich geschnitten ist. Schauen Sie mal an, was die New Yorkerinnen auf der Wall Street tragen. Das ist teilweise echt atemberaubend – aber immer very business-like.

 Wenn Sie morgens vor dem Ankleidespiegel stehen, fragen Sie sich: Wie wirke ich damit? Was denkt meine Umwelt über mich? Und wie möchte ich (im Gegensatz dazu) wirken? Sehe ich durchsetzungsstark aus? Wenn noch nicht (genug), wie könnte ich das ändern? Vor allem wenn Sie angesichts Ihres Spiegelbildes denken »Sieht gut aus!«, fragen Sie sich: *Warum* sieht das gut aus? Weil es modisch ist? Weil es die Figur betont? Weil es sexy ist? Weil es farblich gut passt? Oder weil es mir hilft, ernst genommen zu werden?

Jeder Stil hat seine Wirkung. Wie ist die Wirkung Ihres Stils?

»Das ist aber nicht mein Stil«, sagte mir eine 27-jährige Jungmanagerin, als ich ihr zum gedeckten Business-Ensemble statt zur gewohnten Designer-Jeans riet. Ich fragte sie, was ihr Jeansstil wohl in Vorgesetzten, Kunden und Kollegen auslösen würde. Sie meinte, dass sie damit »locker, kollegial und nicht so formell« rüberkäme. Ich wollte wissen, ob ihr dieser Eindruck dabei hilft, sich besser durchzusetzen. Sie fing zum ersten Mal damit an, über ihren Stil *und seine Wirkung* nachzudenken.

Tragen Sie Uniform?

Eigentlich ein typischer Männerfehler. Doch je stärker Frauen im Beruf und in der Gesellschaft nach oben kommen, desto stärker scheinen sie zu vergessen, was Frauen normalerweise wissen:

 Tragen Sie keine Uniform!

Viele Ingenieure sagen mir: »Das ist mein Kundenjackett. Wenn uns ein Kunde besucht, nehme ich das aus dem Spind und ziehe es an!« Und so sieht es auch aus. Abgestoßene Ärmel, verblichene Farben. Dieser Fehler passiert auch immer mehr Frauen. Ein Kunde sagte mir einmal: »Die drei dunklen Kostüme meiner Bankberaterin kenne ich auswendig.« Peinlich. Wenn das schon Männern auffällt, die geschlechtsbedingt an völliger modischer Ahnungslosigkeit leiden … Daher:

 Sorgen Sie für die nötige Abwechslung bei Ihrer Kleidung. Das muss nicht immer ein komplett neues Ensemble sein. Sie können auch geschickt kombinieren. Falls Ihre Mutter Sie da im Stich gelassen hat: Es gibt hervorragende Bekleidungsgeschäfte, die Sie beraten können. Frau muss sie nur wie die Stecknadel im Heuhaufen suchen …

Jung, dynamisch, ahnungslos

Ein besonderes Kleidungsproblem haben viele junge Frauen. Neulich stand ich in einer Bank, als ich eine Kundenberaterin im zwar dunklen, aber schulterfreien Pullover entdeckte. Ihre männlichen Kunden und Kollegen waren sichtlich angetan davon. Einer der in der Warteschlange Stehenden brachte es verzückten Blickes auf den Punkt: »So etwas hätte ich nicht in einer Bank erwartet.« Einmal ganz davon abgesehen, dass dem direkten Vorgesetzten diese

Jugend ist keine Entschuldigung für Dummheit

peinliche Aufsichtspflichtverletzung unterlief: Glauben Sie, dass das freizügige Mädel auch nur ein Kunde ernst nahm? Mein Geld lege ich doch nicht bei jemandem an, der schöne Schultern hat! Also bitte! Und dann wundert sich das Mädel, dass sie es in der Bank zu nichts bringt!

Andere junge Frauen laufen wie aus dem H&M-Katalog entstiegen durch Business und Gesellschaft. Irgendein kurzer Rock mit einem Pulli oben drüber, der zwar farblich nicht passt – aber was soll's? Das trägt man jetzt. Und das ist auch okay so – aber dann beklagt euch bitte nicht, dass mann euch in den wichtigen Dingen des Lebens wie eine H&M-Schaufensterpuppe behandelt. Viele junge Frauen sitzen da einem katastrophalen Missverständnis auf:

STOP Junge Frauen glauben oft, dass sie umso eher akzeptiert und respektiert werden, je hübscher und modischer sie sich kleiden!

Genau das suggeriert ihnen die Werbung! So werden sie buchstäblich zu Fashion Victims. Dass in einer Durchsetzungssituation kein Mensch (egal ob Mann oder Frau) eine Barbie ernst nimmt, hat ihnen noch keiner gesagt. Deshalb tue ich es hier.

Was sagt Ihr Gesicht über Sie?

Bezeichnenderweise denken 80 Prozent der Frauen bei dieser Frage an ihren Teint, etwaige Hautunreinheiten, Fältchen oder ihre angeblich zu große Nase. Das sind wichtige Parameter für die Brigitte-Lektüre – aber in Durchsetzungssituationen völlig irrelevant.

STOP Leider glauben viele Frauen unter dem Bombardement der Werbung, dass ihre Durchsetzungsstärke von der Farbschattierung ihres Lippenstiftes abhängt! Völliger Unfug.

Die Mimik eines Gesichts macht in Durchsetzungssituationen 90 Prozent seiner Wirkung aus – das Make-up höchstens 10 Prozent. Was macht Ihr Gesicht, wenn Sie sich durchsetzen möchten? Vielleicht

- ❏ schauen Ihre Augen total verunsichert;
- ❏ legt sich Ihre Stirn in düstere Dackelfalten;
- ❏ verziehen Sie kritisch den Mund;
- ❏ kneifen Sie die Augen drohend zusammen.

Sie wissen das nicht? Wer weiß das schon. Wer beobachtet sich schon, während er mit anderen spricht? Sie. Ab sofort. Außerdem sprechen Sie mit Ihrer besten Freundin darüber: »Du, wie schaue ich eigentlich drein, wenn ich unbedingt etwas von dir haben möchte?« Wenn wir diese Übung im Seminar machen, sind viele Teilnehmerinnen unangenehm überrascht: »Ich wusste gar nicht, dass ich immer ... (den Mund verziehe, das linke Auge zukneife ...), wenn ich etwas haben möchte!«

 Werden Sie sich Ihrer unbewussten und unbeabsichtigten mimischen Marotten in Durchsetzungssituationen bewusst. Durch diese Reflexion stellen Sie sie ab. Entweder schon vor oder spätestens während des Gesprächs.

Was für das Gesicht gilt, gilt auch für Ihre Hände (Gestik) und den Rest vom Körper (Körperhaltung): Frauen, die sich durchsetzen, haben eine andere Körpersprache als durchsetzungsschwache Frauen. Klar, wer sich nicht traut, hat meist auch eine verkrampfte und verschlossene Körpersprache. Was viele nicht wissen: Diesen Zusammenhang können Sie umdrehen! Wenn Sie die Körpersprache einer durchsetzungsstarken Frau sprechen (auch wenn Sie sich total unsicher fühlen), werden Sie plötzlich durchsetzungsstärker! Das nennt die Fachfrau Postural Setting: Unsere Körperhaltung beeinflusst stark unsere Stimmungen, Fähigkeiten und Wirkungen.

Checkliste: Durchsetzungsstarke Körpersprache

❑   Ich plädiere für den aufrechten Gang! Wenn Sie wie ein Fragezeichen dastehen oder zusammengesunken im Stuhl hängen, überzeugt das keine(n). Richten Sie sich bewusst zu Ihrer ganzen imposanten Größe auf – auch wenn Sie nur 1,58 Meter groß sind! Die Haltung wirkt, nicht die Größe. Es kommt nicht auf die Größe an …

❑   Atmen Sie tief durch. Das gibt Energie. Frauen in Durchsetzungssituationen atmen oft zu flach und zu kurz, hecheln richtig: Wenn die Lunge verkrampft, verkrampft auch der Geist. Übrigens: Atmen Sie jetzt gleich mal! Tief ein! Und wieder aus! Tut gut, nicht? Gibt Energie. Setzen Sie diesen Trick öfters ein.

❑   Wenden Sie sich frontal dem Verhandlungspartner zu. Jemanden über die Schulter anzusprechen wirkt affig und schwach.

❑   Stehen Sie nicht in Freizeithaltung, also mit einem entlasteten, leicht angewinkelten Bein. Das wirkt damenhaft und schwach – in Durchsetzungssituationen! Den Rest vom Tag können Sie dann wieder damenhaft in der Landschaft stehen und Blicke auf sich ziehen.

❑   A propos Blick: Der Blickkontakt ist das wirkungsvollste mimische Durchsetzungsmittel. Fixieren Sie Ihr Gegenüber direkt und fest und dauerhaft. Schwache Frauen weichen dem Blickkontakt konsequent aus, weil sie nicht angestarrt werden möchten und ihrerseits nicht anstarren möchten. Das ist und macht schwach. Bleiben Sie stark und standhaft! Ein Blick tut keinem weh. Aber es hilft, sich durchzusetzen.

❑   Halten Sie Ihren Kopf gerade! Schauen Sie in jeden x-beliebigen Modekatalog: Frauen halten den Kopf immer geneigt, Männer immer gerade (Ausnahmen bestätigen die Regel). Warum? Weil ein geneigtes Köpfchen süß und unschuldig wirkt. So wollen Sie aber nicht wirken, wenn Sie sich durchsetzen möchten!

Wenn Sie mit dem Blick standhalten können, können Sie es auch mit Ihrem Wunsch!

❏ Entrunzeln Sie Ihre Stirn und entkneifen Sie Ihren Mund! Setzen Sie diese Stilmittel nicht unbewusst permanent, sondern bewusst und gezielt ein.
❏ Lächeln Sie! Aber nicht verlegen und unsicher, sondern freundlich und souverän. Üben Sie den Unterschied vor dem Spiegel. Das ist sehr instruktiv.
❏ Verschränken Sie Ihre Arme nicht unbewusst unsicher vor dem Körper – es sei denn, Sie möchten bewusst die Botschaft senden: »Ich mache zu! Ich gebe nicht nach!«
❏ Verknoten Sie Ihre Hände nicht verkrampft, sondern setzen Sie diese aktiv zur Unterstützung Ihrer Worte ein. Auch das übt sich wunderbar vor dem Spiegel.

A Gosch wi'ra Schwert …

… bezeichnet im Süden Deutschlands eine Frau, die – wörtlich – »ein Mundwerk wie ein Schwert« hat, was durchaus als Kompliment gemeint ist und verstanden wird. Auf Männer wird diese Redewendung nicht angewandt. Warum nicht? Weil es für den Volksmund ungewöhnlich ist, dass eine Frau sich machtvoll und durchsetzungsstark artikulieren kann. Das liegt auch an der weiblichen Stimmführung in Durchsetzungssituationen. Hier einige Äußerungen von Männern, die begründen, warum die weibliche Stimmführung in Durchsetzungssituationen kontraproduktiv ist:

❏ »Diese piepsige Fistelstimme! Schrill und hysterisch!«
❏ »Die redet, ohne Luft zu holen. Da blutet mir das Ohr!«
❏ »Die rattert wie ein Maschinengewehr!«

Durchsetzungssituationen bedeuten Stress. Und unter Stress reden viele Frauen zu schnell, zu viel, zu hoch, zu leise, zu emotional, zu quengelig oder ohne Luft zu holen.

Hören Sie sich beim nächsten Mal selbst zu, wenn Sie einen Wunsch äußern oder mit jemandem verhandeln. Wie hört sich Ihre Stimme an? Wie wirkt das wohl auf Ihr Gegenüber? Welche Stimmführung würde besser wirken?

Checkliste: Stimmführung

☐ Reden Sie langsam. Wer quasselt, überzeugt nicht.

☐ Sprechen Sie bewusst etwas tiefer, wenn Ihnen in Stresssituationen die Stimme nach oben rutscht. Hohe Stimmen wirken unsicher bis hysterisch.

☐ Betonen Sie überdeutlich – das verleiht Ihren Worten Nachdruck.

☐ Reden Sie etwas lauter als sonst. Vor allem dann, wenn normalerweise Ihre Stimme umso leiser wird, je weniger Sie sich zutrauen.

☐ Sie trauen sich nicht, laut zu sprechen? Den meisten Frauen geht es so. Spielen Sie mit Ihrer Lautstärke im stillen Kämmerlein, bis Sie eine Lautstärke finden, die lauter ist als sonst, aber nicht zu laut für Sie.

☐ Versuchen Sie sich vorzustellen, wie eine selbstsichere, absolut von sich selbst überzeugte Version Ihrer Stimme klingt – und versuchen Sie, diesem Ideal nahezukommen.

☐ Üben Sie die Stimmführung. Stimmführung ist wie Singen auch: Geht umso besser, je häufiger Sie es praktizieren.

☐ Denken Sie daran: Ihre Wirkung auf andere hängt nur zu 7 Prozent von dem ab, was Sie sagen. Zu 55 Prozent hängt sie von Ihrer Körpersprache und zu 38 Prozent von Ihrer Stimme ab! Deshalb können Tagesschausprecherinnen den größten Mist erzählen (was sie gezwungenermaßen auch oft tun müssen): Man hört ihnen einfach gerne zu, weil sie so schöne Stimmen haben. Damit wurden sie nicht geboren. Stimmführung ist Trainingssache.

Wie Sie es sagen ist wichtiger, als was Sie sagen

Lassen Sie die Zicke von der Leine!

Es gibt Dinge, mit denen Männer auch nach 20 000 Jahren menschlicher Entwicklung noch immer nicht umgehen können. Völlig hilflos reagieren sie zum Beispiel auf emotionale Frauen. Den Tränen einer Frau kann kein Mann widerstehen, wie der Volksmund sagt. Der weibliche Feuchtangriff ist möglicherweise das älteste weibliche Durchsetzungsmittel. Und im privaten Umfeld funktioniert er auch mit atemberaubender Erfolgsquote. In Business und Gesellschaft verbietet er sich jedoch aus naheliegenden Gründen. Genau dafür gibt es jedoch die Zicke!

 In jeder Frau steckt eine Zicke.

Leider bricht diese bei den meisten Frauen recht unkontrolliert aus. Sie verlieren die Nerven und zicken dann rum. Das ist wie ein Reflex. Und nun sagen Sie mal: Möchten Sie Ihren Reflexen Ihr Leben überlassen? Sicher nicht, sonst wären Sie nicht hier.

Wenn der andere sich stur stellt, wenn alles andere versagt hat, gebe ich Ihnen die amtliche Erlaubnis, gezielt und bewusst die Zicke aus dem Zwinger zu lassen!

Lassen Sie die Megäre, die Xanthippe los! Werden Sie laut, kreischen Sie rum, ringen Sie nach Luft, schnauben Sie verächtlich, kurz: Ziehen Sie alle Register einer ausgewachsenen Zickenattacke. Als Überrumpelungsmanöver funktioniert das hervorragend. Solange Sie es bewusst einsetzen. Sie trauen sich nicht? Macht nichts. Es gibt genug andere Mittel.

Eine Frage der Einstellung

Auf den vorangegangenen Seiten haben wir einige weibliche Durchsetzungsstärken betrachtet. Warum setzen Frauen diese so

selten ein? Weil das keine Frage der Technik, sondern der Einstellung ist. So sagte sogar die unsterbliche französische Chansonsängerin Juliette Gréco, die sich mit Größen wie Sartre oder Yves Montand im intellektuellen Schlagabtausch maß, dass sie lieber Selbstmord begehen würde, als in Alter und Krankheit einem anderen Menschen zur Last zu fallen. Das heißt, sie nimmt ihr eigenes Wohlergehen bis zur Selbstaufgabe zurück, weil ihre Einstellung ist: Das hab ich nicht verdient!

> **STOP** Wenn Frauen nicht ihre weiblichen Stärken einsetzen, liegt das selten daran, dass sie sich ihrer Stärken nicht bewusst wären, sondern dass sie glauben, nicht verdient zu haben, was sie sich wünschen.

Die Frage ist keine geringere als: Sind Sie es sich wert?

Deshalb üben sie lieber Bescheidenheit und verzichten auf den Einsatz weiblicher Stärken. In Deutschland gibt es eine erschreckend hohe Zahl von Frauen, man spricht von der verschämten Armut, die keine ausreichende Rente bekommen, sich aber nicht trauen, zum Sozialamt zu gehen – obwohl sie jenseits jeden Zweifels anspruchsberechtigt sind. Warum machen sie ihre Ansprüche nicht geltend? Vielleicht ahnen Sie die Antwort: »Ach, ich möchte keinem zur Last fallen. Das geht doch auch so. Irgendwie bin ich immer über die Runden gekommen.«
Mit 60, 70 oder gar 80 ist es etwas spät (aber nie *zu* spät), von dieser selbstzerstörerischen Bescheidenheit herunterzukommen. Glücklicherweise haben Sie nicht so lange gewartet. Sie können noch etwas dagegen tun. Zum Beispiel fragen. Fragen Sie sich:

❑ Natürlich komme ich auch ohne … (konkrete Wunscherfüllung) aus. Doch bin ich es mir nicht auch selbst schuldig, mir diesen Wunsch zu erfüllen?
❑ Wovor fürchte ich mich? Was habe ich zu verlieren?
❑ Was tut mehr weh? Auf meinen Wunsch zu verzichten oder zu versuchen, ihn durchzusetzen? Seien Sie ehrlich mit der Antwort: Natürlich tut es weniger weh, heute zurückzustecken.

Aber wie geht es Ihnen morgen, nächste Woche, nächstes Jahr damit, wenn Sie Ihren Wunsch noch immer nicht durchgesetzt haben?

❑ Welche Einstellung steht hinter meinem Wunsch und hinter meinem Mitteleinsatz zur Wunscherreichung? Wenn ich sie in einem Satz formulieren müsste, wie lautet dieser Satz? Hilft er mir beim Durchsetzen? Wenn nicht, wie sähe ein konstruktiver Satz (= Einstellung) aus?

Sich durchzusetzen ist zunächst eine innere Emanzipation (von hinderlichen Einstellungen), bevor es zu einer äußeren Emanzipation kommen kann.

Wenn Sie sich innerlich zu einem Wunsch bekennen, ihn zu einem Herzenswunsch gemacht haben, dann erst haben Sie die richtige Einstellung, um mit oder ohne Einsatz von weiblichen Stärken sich Ihren Wunsch zu erfüllen: Ihre Einstellung ist immer wichtiger und wirkungsvoller als jede Technik.

9 Hören Sie auf, sich selbst im Weg zu stehen

Frauen, die nichts fordern, werden beim Wort genommen.
Sie bekommen nichts.
Simone de Beauvoir

Manche Dinge sollten Sie lieber nicht sagen

Was müssen Sie tun, um sich durchzusetzen? Manchmal müssen Sie überhaupt nichts *tun*. Sie sollten lieber etwas *lassen*. Sie sollten es lassen, in Durchsetzungssituationen bestimmte Dinge zu sagen.

z.B. Beate zum Beispiel sagt zu Stefan: »Die Flipchart-Stifte im Sitzungsraum sind ausgetrocknet. Könntest du neue besorgen?« Stefan meint kurz angebunden: »Für so was hab ich jetzt keine Zeit!« Beate klagt: »Der Herr ist sich wohl zu fein dafür! Mach ich es halt selber!« Wie so oft. Glücklicherweise kommt gerade Doreen vorbei, die einwirft: »Auf keinen Fall machst du das, du machst das doch immer! Stefan, du gehst doch nachher sowieso ins Labor. Da kannst du auch gleich am Bürolager vorbeigehen und Stifte holen. Einverstanden? Danke.« Stefan murrt zwar, doch er macht den Botengang. Hinterher meint Beate: »Der Stefan macht nie, was man ihm sagt!« Das stimmt nicht! Der Stefan macht sehr wohl, was frau ihm sagt – sofern Doreen die Frau ist, die es ihm sagt. Aha, Stefan hat wohl ein Auge auf Doreen geworfen! Mitnichten, aber genau das denkt Beate, weil sie sich beim Durchsetzen regelmäßig selbst ein Bein stellt.

Schieben Sie die Schuld nicht auf andere. Schieben Sie sie auf die Sprache

Haben Sie ihre Eigentore erkannt? Es sind gleich drei:

1. Beate fragt im Konjunktiv (»könntest du?«), anstatt im Indikativ zu bitten.
2. Beate knickt sofort ein, sobald Stefan ablehnt.
3. Dafür, dass sie sich nicht durchsetzen konnte, schiebt Beate die Schuld auf Stefan.

Auf wen oder was schieben Sie die Schuld, wenn Sie sich nicht durchsetzen?

Vermeiden Sie verbale Fettnäpfchen

Wenn Frauen sich nicht durchsetzen, sind oft erst einmal andere schuld. Die Umstände, die Männer, andere Frauen, Pech, Schicksal, die Finanzen, Zeitmangel, die Benachteiligung der Frau in der Gesellschaft, fehlende KiTa-Plätze …

> Solange Sie die Schuld noch bei anderen suchen, bleiben Sie durchsetzungsschwach.

Wenn Frauen im Seminar die Gründe aufzählen, warum sie sich nicht durchsetzen, sind glücklicherweise auch immer zwei oder drei Frauen darunter, die mit herzerfrischender Offenheit meinen:

❏ »Es liegt auch an mir. Ich kriege das einfach nicht auf die Reihe!«
❏ »Ich stehe mir oft selber im Weg!«
❏ »Vielleicht drücke ich mich nicht klar genug aus?«
❏ »Ich stolpere öfters über meine eigene Zunge!«
❏ »Ich weiß nie, was ich sagen soll!«

Natürlich gibt es widrige Umstände und missgünstige Männer wie Stefan. Doch wenn es nur daran läge, dann wäre es Doreen nie gelungen, sich gegenüber Stefan durchzusetzen.

Schieben Sie die Schuld nicht auf andere. Bringen Sie Ihre Sprache auf Vorderfrau!

Warum setzt sich Doreen im Gegensatz zu Beate durch? Weil sie sich anders ausdrückt. Beate erhebt einen Vorwurf und tritt dann den verbalen Rückzug an. Doreen insistiert, bietet Stefan eine pragmatische Lösung an, stellt die rhetorische Frage nach seinem Einverständnis und schickt gleich das verpflichtende Danke hinterdrein. Nur ein Schuft könnte daraufhin ablehnen!

Kann Doreen sich so viel besser ausdrücken als Beate? Nein – und das mag überraschen. Beate ist keineswegs auf den Mund gefallen. Sie tritt lediglich in verbale Fettnäpfchen, die vermeidbar sind. Vermeiden wir sie im Folgenden.

Mal wieder selber schuld?

»Wusste ich's doch!«, hören wir an dieser Stelle Beate sagen. »Ich bin mal wieder selber schuld!« Wie Sie sich unschwer vorstellen können, habe ich genau das nicht gemeint.

Frauen geben sich so gerne selbst die Schuld. Es ist eines unserer liebsten Hobbys. Geben Sie es auf! Fragen Sie lieber:

❏ Abgesehen von missgünstigen Männern und anderen
❏ widrigen Umständen: Womit stehe ich mir bei meiner Wunscherfüllung selbst im Weg?
❏ Was brauche ich noch, um mich (besser, schneller, souveräner) durchzusetzen?
❏ Woher bekomme ich diese Ressourcen, Fähigkeiten, Unterstützung?
❏ Welche Fähigkeiten habe ich bereits, die ich in bestimmten Durchsetzungssituationen nicht aktiviere?
❏ Wie verhindere ich unbewusst meinen Erfolg?
❏ Wie kann ich das abstellen?
❏ Wenn ich mich durchsetzen möchte, welche Formulierungen verwende ich dabei?

Bitte kein Self-Blaming!

❑   Wie wirken diese auf meine Gesprächspartner? Welche könnten besser wirken?

❑   Sollte ich für das Abstellen hartnäckiger verbaler Selbstsabotage einen weiblichen Coach besuchen?

Spontane verbale Selbstsabotage

Beates Reaktion auf Stefans Weigerung zeigt eine typisch weibliche Verbalsabotage: die spontane, unüberlegte Reflexäußerung. Besonders häufig werden Frauen in Durchsetzungssituationen Opfer vom:

Über welche Worte stolpern Sie?

❑   Tonausfallreflex: »Ich sag erst mal nichts. Vielleicht regelt sich das von allein!«

❑   Rationalisierungsreflex: »Das kann ich jetzt nicht fordern! Das ist jetzt ungünstig!«

❑   Schmollreflex: »Dich interessiert es gar nicht, was ich an einem Samstagabend machen möchte! Vielleicht möchte ich ja ins Kino? Aber das ist dir doch egal!«

Sie schmunzeln? Sie erkennen diese verbalen Selbstsabotagestrategien? Womit sabotieren Sie sich in Durchsetzungssituationen noch? Erkennen Sie, wie sehr Sie sich damit das Leben schwermachen? Dann sind Sie die Verbalfallen schon halb los.

 Nicht Selbstvorwürfe, sondern Selbsterkenntnis ist der erste Schritt zur Besserung. Erkennen Sie Ihre verbalen Fehlgriffe – aber werfen Sie sich diese nicht vor!

Je öfter Sie Ihre Spontanreaktionen achtsam reflektieren, desto weniger anfällig werden Sie dafür. Diese Selbstreflexion kann und sollte geschehen:

A) vor der Situation: »Wenn es gleich hart auf hart kommt, werde ich auf keinen Fall wieder sagen … Ich werde vielmehr sagen …« Legen Sie sich die richtigen Worte zurecht und sprechen Sie sie ein paar Mal »trocken« aus.

B) in der Situation: »Moment, was läuft hier gerade? Was rede ich schon wieder? Was sollte ich besser sagen?«

C) nach der Situation: »Was habe ich gesagt? Was hätte ich stattdessen oder ergänzend sagen können? Was lerne ich fürs nächste Mal daraus?«

Hören Sie sich selbst beim Sprechen zu!

Es fühlt sich seltsam an, sich beim Reden selbst zuzuhören? Ja, dieses Phänomen ist auch als Lernen bekannt. Wir können nur dann etwas dazulernen, wenn wir uns selbst beim Argumentieren zuhören, daraus lernen und es besser machen. Das ist nicht seltsam, das ist nur ungewohnt.

Viele Frauen bleiben durchsetzungsschwach, weil sie zu sehr auf andere schauen und hoffen: »Ach, wenn er/sie doch nur ein wenig einsichtiger, hilfsbereiter, vernünftiger … wäre!« So sprechen Opfer. Frauen, die ihr Leben selbst gestalten, richten ihren Fokus eher auf ihre eigenen verbalen Fähigkeiten – und verbessern sie, bis sie bekommen, was sie wollen.

Zurückhaltung?

Eine der schlimmsten Spontanreaktionen ist die höfliche Zurückhaltung. Ich erlebe immer wieder, dass Frauen sich zum Beispiel in Meetings zurückhalten, weil: »Es ist ja schon alles gesagt – da muss ich nicht auch noch meinen Senf dazugeben!« Sie fragen sich, was das mit Durchsetzen zu tun hat? Gute Frage. Sie beleuchtet ein seltsames Phänomen: Frauen erkennen oft nicht, dass ein Meeting eine Durchsetzungssituation ist! Eine leitende Angestellte sagte mir mal: »Im Meeting beredet man doch Dinge! Was hat das mit Durchsetzen zu tun?« Vieles.

Auch wenn bereits »alles gesagt« ist, müssen Sie zu Inhalten, deren Stakeholder Sie sind (die Sie angehen), in eigenen Worten etwas beisteuern!

Warum? Weil sonst niemand auf die Idee kommt, dass auch und gerade Sie zu dem Thema ebenfalls maßgeblich etwas beitragen können. Sie müssen das Thema verbal für sich reklamieren! Sonst nimmt Sie bei diesem Thema keiner ernst. Die Folge: Sie können sich auf diesem Gebiet nie richtig durchsetzen – so kompetent Sie auch darin sein mögen!

Sie setzen sich leichter durch, wenn Ihre Kompetenz anerkannt ist. Doch wie sollen die Menschen erfahren, dass Sie fachkompetent sind, wenn Sie den Mund nicht aufmachen?

Aus den Ohren, aus dem Sinn!

Der Finanzvorstand eines Konzerns verriet mir: »Wenn Sie in einem Meeting dabeisitzen, würden Sie nie erraten, dass unser bester Spezialist für Target Costing die Julia Müller ist. Während die Kollegen wortgewaltig dilettieren, sitzt sie schweigsam da. Sie stemmt jedes größere Projekt in dem Bereich. Doch befördert wird sie nicht, weil der Vorstand nie auf die Idee käme, dass sie zu dem Thema was zu sagen hat! Wie sollte er auch auf die Idee kommen, wenn jeder Amateur fünfmal so viel über das Thema redet wie sie?«

Es geht nicht nur um Inhalte! Es geht auch ums Durchsetzen!

Selbst wenn sie mal einen Vorschlag macht, setzt sie sich oft nicht durch, weil ihr schlicht nicht geglaubt wird, obwohl sie die Expertin auf dem Gebiet ist! Aber sie ist ja immer so schweigsam! »Ja klar«, sagt Julia. »Wenn ich inhaltlich nichts zu sagen habe, sage ich auch nichts.« Aber dann beklagt sie sich, dass keiner auf sie hört. Erst langsam beginnt sie zu begreifen, dass ihre vornehme Zurückhaltung etwas damit zu tun hat. Und ganz langsam meldet sie sich in Meetings öfter zu Wort, was den einen oder anderen Kollegen schon zur Erkenntnis gebracht hat: »Die Julia hat echt was drauf. Hätte ich nicht gedacht.«

Wie verlieren Sie die Angst, bloß rumzulabern?

»Melden Sie sich in Meetings auch dann zu Wort, wenn eigentlich alles schon gesagt ist!« Wenn ich solche Ratschläge in oder von Ratgebern lese oder höre, geht mir jedes Mal der Hut hoch. Solche Tipps gehen an der weiblichen Realität vorbei – wenn sie ohne weitere Anmerkung gegeben werden.

Einmal ganz davon abgesehen, dass jede normale Frau schon von alleine auf die Idee gekommen ist, sich mehr zu Wort zu melden – auch wenn schon alles gesagt ist! Was meinen Sie, wie oft sich Julia schon wegen ihrer »vornehmen Zurückhaltung« in Meetings und anderswo Vorwürfe gemacht hat. Da hilft der Tipp »Melden Sie sich mehr zu Wort!« überhaupt nicht. Im Gegenteil. Er macht sich über Frauen lustig!

Es geht zunächst einmal gar nicht darum, sich öfter zu melden. Es geht zunächst darum, wie frau die Angst davor verliert. In Seminaren werde ich regelmäßig gefragt: »Wie verliere ich die Angst davor, doch nur das zu wiederholen, was drei Meetingteilnehmer vor mir auch schon gesagt haben?« Oder: »Ich will doch kein Dampfplauderer sein wie die Männer!« Diese Angst hält Frauen davon ab, sich zu melden. An dieser Angst kann auch die gut gemeinte und schlecht gemachte Aufforderung »Melden Sie sich öfter!« nichts ändern!

Wer kann Ihnen diese Angst nehmen? Nur der Mensch, der Ihnen am nächsten ist: Sie selbst.

Die Angst, das Wort zu ergreifen

 Tipp Es besteht weder der Anlass noch die Gefahr, bereits Gesagtes zu wiederholen!

Sie sind eine Person mit eigenem Verstand und eigener Erfahrung. Allein das garantiert bereits, dass Sie eben nicht das wiederholen werden, was drei Männer vor Ihnen schon gesagt haben, sondern neue Facetten, Argumente und Tatbestände vorbringen. Frauen unterschätzen in diesem Punkt oft ihre eigene Meinung. Ein Kollege von Julia sagte zum Beispiel einmal: »Die Savings schlagen sich

nicht bis zur Bottom Line durch.« Julia sagte fünf Minuten später »Unsere Kosteneinsparungen erscheinen leider nirgendwo in der GuV!« Julia behauptete hinterher, sie habe nur das wiederholt, was der Kollege gesagt habe. Aber das stimmt nicht! Sie sagte es ohne Fremdworte, welche die Hälfte der nicht-buchhalterischen Kollegen nicht verstand! Sie sagte es auf ihre eigene, spezifische und unnachahmliche Weise. Das heißt: Selbst wenn eine Frau das Gleiche sagt wie ein Mann, ist es noch längst nicht dasselbe. Wenn Sie ganz sichergehen wollen, dass Sie bereits Gesagtes nicht wiederholen,

Wie Sie Wiederholungen vermeiden

- ❏ heben Sie aus dem bereits Gesagten das Wesentliche heraus;
- ❏ übersetzen Sie es vom Dampfplauderer-Denglisch ins Deutsche (Männer reden mit Gusto unverständlich);
- ❏ fokussieren Sie auf einen bestimmten Aspekt des Gesagten;
- ❏ ergänzen Sie das bereits Gesagte ruhig wörtlich: »Zu dem eben Gesagten möchte ich noch ergänzen …«;
- ❏ bringen Sie eine neue Sichtweise ein: »Was wir auch noch bedenken sollten: …«;
- ❏ fassen Sie es zusammen: »Auf den Punkt gebracht könnte man also sagen …«.

Und das sind noch längst nicht alle Möglichkeiten, bereits Gesagtes zu bereichern.

 Tipp Wenn Sie Angst haben, sich zu wiederholen, nehmen Sie diese Angst ernst – und wiederholen Sie sich nicht!

Sondern fügen Sie wie gezeigt einen neuen Aspekt hinzu. Das reicht schon. Diese Bereicherung um einen neuen Aspekt ist ein aktiver Dienst an den Kolleginnen und Kollegen. Das macht Frauen von Haus aus Spaß. Und dieser Spaß vertreibt die Angst, sich zu wiederholen.

Wenn eine Frau was sagt, hört doch kein Mann zu!

In einer Männerwelt hören Männer selten zu, wenn Frauen etwas sagen. Daniela erzählt: »Oft mache ich im Meeting einen Vorschlag und keiner hört zu. Minuten später wiederholt ein Kollege meinen Vorschlag fast wortwörtlich – und alle brechen in Beifall aus! Am Anfang war ich sprachlos vor Empörung.« In der Zwischenzeit hat sie auch dank eines Crash-Coachings dazugelernt: »Wenn jetzt ein Kerl frech meine Idee klaut, sage ich ausgesucht freundlich: ›Danke, dass Sie meine Idee von vorhin aufgreifen. Was ich noch dazu sagen möchte …‹ Damit ist klar, von wem die Idee ist und dass ich das doofe Spiel durchschaue!«

Ist es nicht ermüdend, als intelligente Frau solche Dummejungen-spielchen mitspielen zu müssen? Sicher. So ermüdend wie Hausarbeit oder den Keller aufräumen auch. Aber genauso nötig. Und lohnend. It's a man's world. Will eine Frau sich in dieser Welt durchsetzen, nützt es nichts, sich zu wünschen, dass Männer anders wären. Sie sind es (noch) nicht. Was finden Sie besser: Auch mal ein Spielchen mitzuspielen oder sich nicht durchzusetzen? Ein hartes Dilemma. Aber manchmal ist das Leben hart. Kinderkriegen ist auch hart – trotzdem tun wir's. Warum? Weil es sich lohnt!

Und wenn Sie schon mitreden, reden Sie richtig mit. Wie ist richtig? Geben Sie einen Tipp ab, kreuzen Sie an, welche Äußerung Sie Julia empfehlen würden:

❑ »Die Gemeinkostenzuschläge könnten bei diesem Verfahren Probleme bereiten.«

❑ »Die Gemeinkostenzuschläge hauen so nicht hin. Die müssen wir anders umlegen!«

> **Männer sind ermüdend**

Tipp Wenn Sie schon mitreden, obwohl inhaltlich alles gesagt ist, reden Sie nicht typisch weiblich indirekt (oder »hintenrum«, wie Männer sagen), sondern direkt, offen, klar, auf den Punkt. Sie tun damit keinem weh!

Im Gegenteil. Sie tun Männern weh, wenn Sie indirekt kommunizieren. Denn das verstehen sie nicht. Und was sie nicht verstehen, verletzt sie.

Vorsicht vor Fettnäpfchen, die keine sind!

Wenn wir in Coachings und Seminaren über Fettnäpfchen reden, taucht immer auch eine Verwechslung auf. Bettina zum Beispiel sagt: »Stimmt, neulich bin ich bei einem Kollegen mächtig ins Fettnäpfchen getreten, weil ich ihm dreimal hintereinander sagen musste, dass sein Excel-Spreadsheet immer noch Fehler hat!«

 Wenn Sie jemandem sachlich begründet auf die Nerven gehen, ist das kein Fettnäpfchen, sondern Hartnäckigkeit!

Wer sich durchsetzen möchte, muss nicht nur damit rechnen, sondern manchmal geradezu darauf abzielen, anderen so lange lästig zu sein, bis bei ihnen der Groschen fällt. Zum Trost sei gesagt: Es gibt einen klaren Unterschied zwischen lästig fallen und sich unbeliebt machen. Beate war dreimal hintereinander zwar beinhart in der Sache, doch gleichzeitig ausgesucht freundlich zu dem Kollegen mit dem fehlerhaften Spreadsheet. Der Kollege war zwar nicht begeistert, aber er fühlte sich auch nicht angegriffen. Er sagte zum Schluss sogar über Beate: »Was soll's? Sie hatte ja recht!«

Die beliebtesten verbalen Eigentore

Als Sie sich das letzte Mal durchsetzen wollten, was sagten Sie da? Das wissen Sie nicht mehr? Natürlich nicht! Wer hört sich beim Reden schon selber zu? Alle durchsetzungsstarken Frauen. Die Wortwahl ist meist unbewusst. Das macht sie so gefährlich – und oft wirkungslos. Denn:

> **STOP** Oft sind unsere eigenen Worte unser schlimmster Feind.

Zu den am häufigsten geschossenen verbalen Eigentoren gehören:

- ❏ Wertungen
- ❏ Vorwürfe
- ❏ Du-Botschaften
- ❏ Unterstellungen
- ❏ Bevormundung
- ❏ Besserwisserei
- ❏ Polemik
- ❏ Ironie, Zynik, Sarkasmus
- ❏ unzulässige Verallgemeinerungen

Alle diese Killermittel sollten Ihnen niemals unbedacht unterlaufen, wenn Sie sich durchsetzen möchten. Denn diese Sprachmittel ver- oder behindern jede Ihrer Durchsetzungsbemühungen. Betrachten wir die sprachlichen Fettnäpfchen näher – und wie Sie sie vermeiden.

Werten Sie nicht!

> **z.B.** Daniela spricht mit einem reklamierenden Kunden, dessen Hochdruckreiniger wegen Überlastung den Geist aufgegeben hat. Kunde: »Was soll ich mit einem Gerät anfangen, das ich nicht auf der Baustelle einsetzen kann!«
> Daniela: »Unter erschwerten Betriebsbedingungen kann es durchaus zu Ausfällen kommen. Das Gerät ist nun mal nicht für den professionellen Einsatz konzipiert.«

Wertungen verursachen Widerstände

Wenn Sie der Kunde wären, wie würden Sie darauf reagieren? Warum? Weil Daniela sich ungeschickt ausdrückt. Aber welche ihrer Worte sind ungeschickt? Es sind die Adjektive »erschwert« und »professionell«. Warum stoßen sie dem Kunden sauer auf? Weil es Wertungen sind. Wertungen sagen: gut – schlecht, groß – klein, böse – gut. Der Kunde impliziert mit seiner Reklamation, dass er den Einsatz auf seiner Baustelle für ganz »normal« hält. Daniela dagegen sagt ihm durch die Blume, dass sie diesen Einsatz für »erschwert« hält. Es ist klar, dass sie sich damit gegen den Kunden stellt und, zwar unbeabsichtigt, aber wirkungsvoll seinen Widerspruch provoziert.

Setzen Sie Wertungen also nur dann ein, wenn Sie deren Folgen erzielen und ertragen möchten. Daniela hätte sich den empörten Widerspruch des Kunden sparen können, wenn sie nur ein einziges Wort ausgetauscht hätte: »Unter bestimmten Betriebsbedingungen kann es durchaus zu Ausfällen kommen.« Das würde sie gleichzeitig inhaltlich weiterbringen: »Lassen Sie uns deshalb kurz abklären, ob Betriebsbedingungen und Gerät zueinander passen.« Das empfindet jeder Kunde als hilfreich, nicht als empörend.

Zugegeben, es ist sehr schwer, unerwünschte Wertungen aus seinen Äußerungen herauszuhalten. Da wir im Alltag ständig und pausenlos unbedacht werten, ist uns diese Selbstsabotage schon zur unschönen Gewohnheit geworden. Glücklicherweise gibt es auch Frauen, die sich bewusst bemühen, Wertungen aus ihrer Kommunikation herauszuhalten. Es liegt auf der Hand, dass sie sich eher und leichter durchsetzen.

Auch Verbalgewalt ist Gewalt. Pflegen Sie eine gewaltfreie Sprache!

 Es gibt eine starke Korrelation zwischen Artikulationsfähigkeit und Durchsetzungsstärke.

Will heißen: Frauen, die ihre Muttersprache beherrschen, setzen sich eher durch als Frauen, die zum Beispiel immer wieder unbedacht Wertungen verwenden.

Keine Vorwürfe!

»Immer muss ich die Kinder zu … (was auch immer) fahren. Es sind auch deine Kinder. Du könntest dich auch mal um sie kümmern!« Kennen wir? Kennen wir. Vor allem Männer kennen solche Äußerungen so gut, dass sie gar nicht mehr hinhören. Darauf angesprochen, meinen sie meist: »Die Alte nörgelt nur. Einfach ignorieren!« Männer können solche Ignoranten sein! Das ist die eine Sichtweise. Die andere ist:

 Eine Frau, die nicht bemerkt, dass Vorwürfe nichts bringen, ist noch nicht reif für eine Beziehung. Katharine Hepburn

Warum machen Frauen so gerne unnütze Vorwürfe? Weil sie zum Zeitpunkt des Vorwurfs meist auf 180 sind. Sie kochen innerlich, weil dieser Schuft … (fügen Sie den passenden Namen ein) schon wieder … (fügen Sie das Delikt ein). Dann platzt ihnen der Kragen und sie lassen ihren Frust am Gesprächspartner aus. Das ist verständlich, aber vertrackt: Auf diese Weise entfachen sie am schnellsten einen schönen Streit – oder provozieren den Rückzug des Partners. Vorwürfe bringen nichts! Außer Streit oder Rückzug. In vielen Ratgebern steht zu lesen: »Verzichten Sie deshalb auf Vorwürfe!« Das ist gemeingefährlicher Unfug. Denn wenn frau auf 180 ist, verzichtet frau nicht einfach auf Vorwürfe! Wie schon Luther sagte: Wem das Herz voll ist, dem läuft das Maul über.

 Um Vorwürfe zu vermeiden, reicht es nicht, Vorwürfe zu vermeiden. Das funktioniert nicht. Vermeiden Sie lieber den emotionalen Kurzschluss!

Es geht nicht darum, symptomatische Vorwürfe zu vermeiden, sondern intelligenter mit den ursächlichen Gefühlen umzugehen. Damit es erst gar nicht zum gefürchteten affektiven Overkill kommt: Sprechen Sie die Angelegenheit sehr viel früher an! Sicher nicht gleich beim ersten Mal. Aber ganz sicher beim zweiten. Zum

Beispiel: »Du, ich habe die letzten beiden Wochen die Kinder zur Musikschule gefahren. Bitte fahre du sie diese Woche. Das würde mich sehr entlasten. Vielen Dank.«

Klingt einfach? Ja, aber gerade deshalb wird es oft falsch gemacht. Eine Coachee sagte mir mal empört: »Das hat nix genutzt. Ich musste die Kinder trotzdem wieder fahren!« Auf meine Frage, wann sie ihren Mann denn um die Fahrt gebeten habe, sagte sie kleinlaut: »Naja, am Morgen desselben Tages.«

»Hope has never changed tomorrow's weather.«
Amerikanisches Sprichwort

Warum stellen Frauen sich derart dusselig an, wenn es ums Durchsetzen geht? Weil sie ganz fest hoffen: »Mensch, darauf muss er doch selber kommen, dass er mir mal das Kinder-Taxi abnehmen kann!« Das hoffen sie bis fünf vor zwölf. Dann erst stoßen sie dem Partner Bescheid – und dann ist es für diesen natürlich zu kurzfristig, weshalb er zu Recht absagt. Was sagen Frauen daraufhin oft? »Du lässt mich hängen!« Was ist das? Erstens berechtigt und zweitens eine Du-Botschaft.

Ich statt Du

»Sie haben mir die Auftragsdaten zu spät gegeben! Das war doch gar nicht zu schaffen!« Wie reagiert Janas Chef wohl darauf? Negativ. Warum? Wegen der Sie-Botschaft.

STOP Sie-/Du-Botschaften sind zwar meist ungewollte, aber extrem wirkungsvolle Vorwürfe.

Auf Vorwürfe, egal wie ungewollt, reagiert jeder normale Mensch mit Widerstand. Wollen Sie Widerstand auslösen, wenn Sie sich durchsetzen möchten? Sicher nicht. Formulieren Sie deshalb konsequent alle angedachten Du- in Ich-Botschaften um, zum Beispiel: »Ich habe die Auftragsdaten erst eine Woche vor dem Endtermin bekommen (von wem, ist dem Chef dann schon klar!). In dieser kurzen Zeit war der Auftrag kaum zu schaffen.«

Besonders schwer fällt uns die Umformulierung vom Du zum Ich, wenn Emotionen im Spiel sind: »Du lässt mich hängen. Dich interessiert gar nicht, … Du bist immer so … !« Diese Sätze wollen in emotionalen Situationen mit Macht aus uns heraus. Warum? Weil wir unserer Seele Luft machen müssen! Funktioniert das? Leider selten. Denn der Gesprächspartner lässt nicht zu, dass wir uns Luft machen. Er hört nur den Vorwurf hinter der Du-Botschaft und kontert nun seinerseits mit Gegenvorwürfen. Eine befreundete Paartherapeutin sagte mir mal: »Wenn Frauen Du-Botschaften senden, wollen sie etwas vom Partner. Das kriegen sie aber nicht, weil dieser nicht auf den versteckten Wunsch, sondern auf den vermeintlichen Vorwurf reagiert.«

> **STOP** Wenn Sie etwas von jemandem wollen, ist es kontraproduktiv, ihn erst aggressiv oder defensiv zu machen!

Es ist bemerkenswert, dass die erhoffte seelische Erleichterung viel eher eintritt, wenn wir eine Ich-Botschaft verwenden: »Ich fühle mich mit Arbeit überlastet. Mir ist, als ob ich diese ganze Last alleine tragen muss. Das macht mich wütend!« Erfreulicherweise reagieren Gesprächspartner daraufhin sehr schnell sehr positiv, weil eine Ich-Botschaft im Gegensatz zur vorwurfsvollen Du-Botschaft den Helferinstinkt aktiviert.

Es wird Ihnen langsam zu viel? Erst sollen Sie auf Wertungen verzichten, dann auf Vorwürfe und jetzt auf Du-Botschaften! Also praktisch auf alles, was Sie in Stresssituationen spontan verwenden? Stimmt, das ist viel verlangt.

Es ist deshalb viel verlangt, weil unsere Alltagssprache sehr aggressiv und kontraproduktiv geworden ist. Wir haben uns an Wertungen, Vorwürfe und Du-Botschaften schon so gewöhnt, dass wir kaum mehr bemerken, wie sie unser Klima vergiften und unser Vorwärtskommen behindern. Deshalb sollten Sie diese Giftmittel nicht alle auf einmal aus Ihrem Sprachgebrauch entfernen. Es sind einfach zu viele. Es ist besser, wenn Sie ganz klein beginnen und hin und wieder eine Dose Giftmüll entsorgen. Nach und nach entrüm-

Mit Vorwürfen setzen Sie sich selten durch!

Sie sprechen. Aber beherrschen Sie Ihre Sprache auch?

peln Sie so den ganzen Giftschrank. Nebenbei macht es jede Menge Spaß, seinen Mitmenschen nicht ständig ungewollt mit verbalen Fehlgriffen auf die Nerven zu gehen.

Keine Unterstellungen!

»Aber alle unsere anderen Kunden sind sehr zufrieden mit dem Service«, sagt Jelena, als sich einer ihrer Kunden über eben diesen Service beschwert. Natürlich bringt dieser unter Mitarbeiterinnen im Kundenkontakt sehr beliebte Satz jeden normalen Kunden zur Weißglut – aber warum? Weil er eine Unterstellung transportiert: »Wenn alle anderen Kunden das toll finden, dann muss mit dir etwas nicht stimmen, wenn du dich beklagst!«
Jelena ist eine Championesse der Unterstellung. Als sie einer Kollegin eine Unterlage weitergibt, sagt sie: »Die Tabellen zeigen, dass die letzte Kampagne wenig bringt – aber das wird euch Marketingleute ja ohnehin kaum interessieren!« Wir können uns gut vorstellen, was die Kollegin dabei denkt.

 Unterstellungen sind Gift für Ihre Durchsetzungsstärke.

Trotzdem verwenden sie viele Frauen recht gerne. Warum? Weil Frauen von Haus aus indirekt kommunizieren. »Könnte mal jemand irgendwann vielleicht neues Kaffeepulver besorgen, wenn es nicht allzu große Umstände macht?« Statt: »Michael, bring morgen frischen Kaffee mit, du bist an der Reihe.« In dieses indirekte Kommunikationsmuster passt auch die Unterstellung. Jelena hat Angst, der Marketingkollegin zu sagen: »Die Tabellen zeigen, dass die letzte Kampagne wenig bringt. Deshalb plädiere ich dafür, die Kampagne einzustellen oder zumindest grundsätzlich zu überdenken.« Jelena sagt das nicht, weil sie die Ablehnung der Kollegin fürchtet. Deshalb unterstellt sie lieber Desinteresse – und zieht sich damit etwas viel Schlimmeres zu: die Wut und den Zorn

der Kollegin, die prompt in ihrer Abteilung klagt: »Die Jelena ist so eine Zimtzicke mit ihrer ewigen Stichelei!«

STOP Unterstellungen sind sogar dann noch schädlich, wenn sie gar nicht ausgesprochen werden!

Viele Frauen denken zum Beispiel: »Mein Chef ist frauenfeindlich« oder »In diesem Betrieb bringen es Frauen sowieso nicht weit« oder »Auf mich hört ja eh' keiner!«. Ob das stimmt oder nicht, ist erstaunlicherweise völlig egal! Die Negativwirkung tritt unmittelbar ein: Wer denkt »Auf mich hört eh' keiner!«, hält lieber den Mund – weshalb niemand auf ihn hört!

 Eine Unterstellung wirkt wie eine Selffulfilling Prophecy: Sie müssen etwas nur oft oder intensiv genug unterstellen, dann wird es irgendwann automatisch wahr.

Ein Mensch, dem Sie zum Beispiel Desinteresse an der gegenseitigen Beziehung unterstellen, verliert tatsächlich relativ rasch das Interesse an der Beziehung. Wie können Sie sich davor schützen?

1. Wenn Sie sich durchsetzen wollen, sollten Sie sich nicht von Ihren Gefühlen reiten lassen. Wenn Sie bemerken, dass Sie sauer, wütend oder frustriert sind, zählen Sie bis zehn, ordnen Sie Ihre Frisur oder konjugieren Sie lateinische Verben. Alles besser, als sich zu unbedachten Dingen wie Unterstellungen, Wertungen oder anderem hinreißen zu lassen.
2. Sie müssen die Unterstellung, die Ihnen auf den Lippen brennt, noch nicht einmal vergessen. Äußern Sie sie ruhig – aber als Frage: »Ich habe den Eindruck, die neuen Tabellen stoßen nicht auf Ihr brennendes Interesse. Trifft dieser Eindruck zu?« Meist antworten die Menschen darauf: »Doch, doch! Aber …« und dann kommt eine Begründung, die meist zutiefst menschlich ist: Daran lässt sich dann ein konstruktives Gespräch

anknüpfen. Ein Vorhaben, das nach Unterstellungen unmöglich ist.

3. Sie können auch direkt danach fragen, was Sie eigentlich unterstellen wollten, zum Beispiel: »Wenn Sie die neuen Tabellen sehen – welchen Eindruck bekommen Sie dann?« Auf diese Weise bekommen Sie eher heraus, was das Gegenüber tatsächlich bewegt, als wenn Sie die Beweggründe einfach unterstellen.

Achten Sie (auf) Ihre Gefühle!

Wir könnten nun die ganzen restlichen Giftmittel in ähnlicher Weise durchdeklinieren: Bevormundungen, Besserwisserei, Polemik, Ironie, Zynik, Sarkasmus, unzulässige Verallgemeinerungen … Doch ich denke, Sie haben die Botschaft bereits verstanden:

STOP Wenn Sie emotional aufgewühlt sind, ist die Gefahr übermächtig, dass Sie kontraproduktive Sprachmittel verwenden.

Ich habe noch keine Frau getroffen, die nicht vorher schon gewusst hätte, dass Ironie oder Sarkasmus ihr nicht wirklich helfen, sich durchzusetzen. Doch wenn Emotionen uns reiten, vergessen wir unseren Verstand und reden aus dem Bauch heraus. Da Frauen sehr viel emotionaler sind, sind sie für affektive verbale Fehlgriffe sehr viel anfälliger als Männer. Wenn Sie einem männlichen Ratgeber zuhören, wird dieser Ihnen deshalb möglicherweise empfehlen: »Sie müssen Ihre Emotionen besser im Griff haben!« Haben Sie das schon mal versucht? Hat es funktioniert? Hat es gut getan?

Wenn es um Emotionen geht, hören Sie bloß auf keinen Mann! Das ist so, als wenn Sie den Wolf nach der besten Methode fragen, Schafe zu hüten.

Diese Regel gilt übrigens auch für viele Ärzte, Coaches und Psychotherapeuten. Viele von ihnen glauben immer noch, man könne Gefühle durch »Disziplin und Selbstbeherrschung« kontrollieren.

Das ist so wie mit dem Eisen im Spinat: Daran stimmt nichts – doch selbst viele Wissenschaftler glauben dieses Märchen noch.

Einmal abgesehen von der Wissenschaft: Ob das Märchen von den kontrollierbaren Gefühlen stimmt oder nicht, können Sie selbst bestimmen. Wenn Sie das nächste Mal vor Wut kochen, versuchen Sie doch mal, sich diese Wut auszureden. Funktioniert's? Wie fühlen Sie sich dabei? So wie ein Mann: Man muss nur lange genug Gefühle verdrängen, um richtig krank zu werden.

Also kontrollieren Sie Ihre Gefühle nicht. Versuchen Sie's lieber mit Folgendem.

Zehn EQ-Tipps

1. Dass Frauen sich in Durchsetzungssituationen häufig selbst ein Bein stellen, indem sie zu untauglichen Stilmitteln wie Wertungen oder Vorwürfen greifen, hat nichts mit dem mangelnden Intellekt von Frauen zu tun, sondern mit ihrem stark ausgeprägten Affekt.

2. Argumentationstechnik zu pauken hat deshalb nicht viel Sinn: Durchsetzung ist in emotionalen Situationen eine Frage des Affekts, nicht der Technik.

3. Daher: Wenn Sie in einer Durchsetzungssituation ein starkes Gefühl, gleich welcher Art, in sich aufsteigen spüren – verdoppeln Sie Ihre Achtsamkeit!

4. Nehmen Sie das Gefühl bewusst wahr. Nennen Sie es beim Namen, zum Beispiel: »Aha, so fühlt sich Frust an.« »Willkommen Wut!« »So fühle ich mich also, wenn ich … bin.« Dadurch ebbt das Gefühl auf ganz natürliche Weise ab.

5. Der Grund dafür: Alles Unbewusste, das Sie sich bewusst machen, verliert seine Macht über Sie – weil es beachtet wird. Allein darum geht es Ihren aufsteigenden Gefühlen: um Beachtung. Deshalb ist Achtsamkeit so heilsam und produktiv.

6. Sobald Sie nicht mehr von Ihren Gefühlen mitgerissen werden, schaltet sich automatisch Ihr gesunder Frauenverstand wieder

Frauen lassen sich oft von ihren Gefühlen überwältigen

Gefühle wollen nicht behindern, sie wollen beachtet werden

ein und Sie erkennen spontan, dass Vorwürfe oder Sarkasmus in einer Durchsetzungssituation kontraproduktiv sind.

7. Wenn Sie so weit sind, drehen Sie den Spieß um und fragen sich: Wie geht es meinem Gegenüber eigentlich emotional?

8. Diese Frage determiniert die Wahl Ihrer Durchsetzungsmittel noch stärker: Wenn Sie Unterstellungen einsetzen, wird Ihr Gegenüber sich nicht wirklich wohl damit fühlen.

9. Es gibt sogar Forscher, zum Beispiel am Harvard Negotiation Project, die behaupten, dass Gefühle beim Durchsetzen weitaus wichtiger sind als bloße rhetorische Technik.

10. Jedenfalls brauchen Sie beides, um sich durchzusetzen: ein gesundes Gespür für Ihre und die Gefühle Ihres Gegenübers – und viele strategische und technische Durchsetzungsmittel zur Auswahl.

Wie emotional intelligent sind Frauen wirklich?

Flippen Sie mit Bedacht aus!

Wenn wir diese zehn EQ-Tipps in Seminaren diskutieren, fällt öfter eine Wortmeldung: »Wieso darf ich meine Gefühle nicht rauslassen? Ich möchte authentisch bleiben!« Wollen wir das nicht alle? Auch ich erlebe oft die Versuchung als geradezu übermächtig, einem penetranten Kerl mal so richtig die Meinung zu sagen oder einem wankelmütigen Kunden seine Wankelmütigkeit vorwurfsvoll um die Ohren zu hauen, zynisch oder sarkastisch zu werden oder ein paar fette Wertungen einzustreuen. Das tut gut! Das befreit! Das möchte ich Ihnen auch nicht in Bausch und Bogen verbieten. Im Gegenteil: Lassen Sie die Sau raus!

Aber nicht, wenn Ihnen danach ist, sondern wenn Sie mit den Konsequenzen leben können! Denn mal ehrlich: Wie oft haben Sie sich nicht schon schwere Vorwürfe nach einem Gefühlsausbruch gemacht, Marke: »Oh Gott! Wie konnte ich mich bloß so hinreißen

lassen!« Davor, nicht vor Ihren Gefühlen, möchte ich Sie und sollten Sie sich selbst bewahren.

 Alles zu seiner Zeit, alles an seinem Platz.

In manchen Situationen ist es gut, den Gefühlen freien Lauf zu lassen. In manchen richten Sie damit einen Scherbenhaufen an. Die durchsetzungsstarke Frau kann beide Situationen voneinander unterscheiden. Zum Beispiel indem sie die obigen zehn Punkte geistig durchgeht. Danach ist klar, welche Situation vorliegt.

Aber bitte ohne Aber

 Versuchen Sie, so weit wie möglich ohne Aber auszukommen.

Agnes: »Wir brauchen die vorläufigen Maße bis Dienstag.«
Frank: »Unmöglich, die sind frühestens Donnerstag da!«
Agnes: »Aber dann verschiebt sich alles nach hinten!«
Frank: »Werd nicht gleich hysterisch! Das schaukeln wir schon irgendwie.«
Warum reagiert Frank so gemein und verletzend? Weil er ein ganz böser Kollege ist? Nein, weil Agnes ihn provoziert hat – ohne es zu wollen oder gar zu bemerken.
»Aber« impliziert einen starken Widerspruch. Widerspruch provoziert Widerstand. Widerstand wollen Sie nicht, wenn Sie sich durchsetzen möchten. Reformulieren Sie deshalb alle Abers; zum Beispiel:
Frank: »Unmöglich, die sind frühestens Donnerstag da!«
Agnes: »Wenn die Maße am Donnerstag eintreffen, verlieren wir zwei Tage. Da wir auf dem kritischen Pfad liegen, verpassen wir voraussichtlich den Endtermin. Wie können wir die zwei Tage wieder aufholen?«

Auf diese Frage hin wird Frank sicher nicht mit dem Vorwurf der Hysterie antworten – weil kein Widerspruch erkennbar ist, sondern eine Einladung zu einer konstruktiven Überlegung.

Sie haben recht: Es wäre schön, wenn auch Männer ihrerseits auf Abers und andere Unfeinheiten verzichten würden. Da die Artikulationsfähigkeit von Männern jedoch nur ungefähr halb so gut ist wie die von Frauen, wird das wohl noch lange dauern. Einstweilen verschaffen Sie sich mit einer einseitigen Abrüstung des sprachlichen Killerarsenals eben auch einen einseitigen Vorsprung in Durchsetzungssituationen. Das ist doch schon was, oder?

Seien Sie unfreundlich!

Es gibt eine dunkelhaarige Politmoderatorin im öffentlichen Fernsehen, die lächelt auch noch bei der bedrängendsten Frage, die sie einem Politiker stellt. Vielleicht wissen Sie, wen ich meine. Für wie durchsetzungsstark halten Sie eine beständig lächelnde Frau in einer Durchsetzungssituation?

STOP Wenn Sie pausenlos lächeln, nimmt Sie kein Mensch und erst recht kein Mann mehr ernst.

Wer ständig lächelt, den nimmt keine(r) ernst

Warum treten so viele Frauen in dieses Fettnäpfchen? Weil sie wie die Politmoderatorin denken: »Ich muss jetzt eine ganz heikle Frage stellen – aber gleichzeitig lächle ich freundlich, damit er sieht, dass ich nichts gegen ihn persönlich habe!« Das ist die Intention. Leider differieren Wunsch und Wirklichkeit in der realen Welt. Kommunikation entsteht beim Empfänger. Und der Empfänger denkt: »Nettes Mädel, grinst wie ein Honigkuchenpferd – die speise ich mit der üblichen 08/15-Antwort ab.« Und Sie fragen sich noch, warum bei diesen Talkrunden nichts Brauchbares rauskommt?

Die blonde Kollegin der Moderatorin dagegen hat in hundert Sendungen angeblich noch nie gelächelt.

Auch wenn Sie pausenlos ein Gesicht wie drei Tage Regenwetter machen, hält das kein Mensch für »seriös« (wie intendiert), sondern für ausdruckslos und schwach.

Auch bei der Mimik kommt es auf Authentizität an: Wenn Sie einen Minister nach seiner Beteiligung in einem Bestechungsskandal fragen, können Sie dabei doch nicht lächeln wie eine Coverblatt-Braut! Wenn Sie nicht alle paar Minuten ein auflockerndes Lächeln einwerfen, wirken Sie nicht mehr tough und durchsetzungsstark, sondern verbiestert und »unbefriedigt«, wie viele Männer seltsamerweise schlussfolgern.

10 Wenn andere sich nicht an das Vereinbarte halten

*Wenn ich »Hol's Stöckchen!« sage und der Hund bleibt sitzen,
dann ist nicht der Hund schuld! Dann mache ich was falsch.*
Karen Pryor, Tiertrainerin

*Bes*prochen ist nicht *ver*sprochen

z.B. Das Leben und insbesondere die Männer sind manchmal eine herbe Enttäuschung. Franziska, Führungskraft bei einem Dienstleister, sitzt frustriert im Coaching: »Da nehme ich mir extra Zeit, kläre alle offenen Fragen mit ihm, und was macht er? Er hält sich nicht an das, was wir vereinbart haben!« Unverschämtheit! Diese Männer! Franziska ist wütend: »Mit einem Mann als Vorgesetztem hätte er so was nicht angestellt!«

Doch – wenn der männliche Vorgesetzte denselben Fehler gemacht hätte.

STOP Wenn Sie etwas mit jemandem *be*sprechen, heißt das noch lange nicht, dass es auch *ver*sprochen ist.

Wie bitte? Kann frau denn nicht davon ausgehen, dass sich jemand an das hält, was besprochen wurde? Das ist doch eine Selbstverständlichkeit! Das nehmen Frauen zumindest an. Auch deshalb kommunizieren Frauen von Haus aus eher indirekt: »Könnte mal jemand eventuell, wenn es nicht zu viel ausmacht ...?« Sie ergehen

sich in Andeutungen und glauben, dass daraufhin schon jemand eine Selbstverpflichtung eingehen werde. Das ist aus vielen Gründen reines Wunschdenken:

Wortbruch? Nein, Fahrlässigkeit

1. Den meisten Menschen, insbesondere Männern, ist gar nicht klar, dass Ihre indirekte Andeutung eine versteckte *Aufforderung* ist.
2. Selbst wenn Ihr Gesprächspartner Ihre Aufforderung *verstanden* hat, muss er damit noch nicht *einverstanden* sein.
3. Selbst wenn Ihr Gegenüber einverstanden ist, ist ihm oft unklar, was genau Sie von ihm bis wann in welcher Menge und Qualität erwarten.
4. Selbst wenn das klar ist, kann es immer noch sein, dass Ihrem Partner schlicht die Zeit und/oder die Fähigkeiten und Ressourcen fehlen, das Besprochene auszuführen, und er/sie sich schämt, das offen zuzugeben.

Alle diese guten Gründe lassen einen weitreichenden Schluss zu:

 Wenn jemand nicht tut, was Sie mit ihm besprochen haben, dann ist er nicht zwangsläufig ein Lügner, Betrüger oder Faulpelz noch hat er es auf Sie abgesehen oder findet Sie unsympathisch!

Auch wenn das die ersten Gedanken sind, die (durchsetzungsschwachen) Frauen bei einem »Wortbruch« durch den Kopf schießen. Erkennen Sie solche Wertungen als unnütze Unterstellungen und werden Sie lieber konstruktiv tätig. Fragen Sie sich:

1. Ist ihm/ihr überhaupt klar, dass ich eine Verpflichtung von ihm/ihr erwarte?

Klären vor Klagen!

2. Ist er/sie im Großen und Ganzen einverstanden mit meiner Bitte, meinem Vorschlag, meiner Delegation? Oder gibt es noch Widerstände? Und wie überwinde ich diese?

3. Ist ihm/ihr die Aufgabe überhaupt klar? Was genau ist bei ihm/ ihr angekommen? Welche unvermeidlichen Missverständnisse sollte ich erst noch ausräumen?
4. Hat er/sie alle Fähigkeiten und Ressourcen, um meiner Bitte zu entsprechen?

Meine Güte, das macht ja schon wieder mächtig Aufwand! Diesen Stoßseufzer höre ich regelmäßig. Warum stört uns dieser Aufwand? Weil wir implizit davon ausgehen, dass wir eine Aufgabe, eine Bitte, eine Delegation lediglich besprechen müssen und dann erfüllen die Angesprochenen schon »von alleine« die Aufgabe. Wenn das hinhaut, prima. Aber Hand aufs Herz: Sind wir nicht auch deshalb hier in trauter Runde versammelt, weil das eben nicht wirklich oft, gut und zuverlässig hinhaut?
Von nichts kommt nichts. Wenn Sie möchten, dass Menschen sich an das Besprochene halten, müssen auch Sie etwas dafür tun.
Sie können das nicht einfach vollständig dem anderen überlassen.

Vereinbaren heißt, tatsächlich miteinander zu reden

Immer wieder sagen mir Frauen: »Ich will doch nur, dass er/sie … (zum Beispiel öfters mal im Haushalt mithilft)! Wozu soll ich da erst nach Einverständnis, Fähigkeiten und Ressourcen fragen?« Nach diesem Einwand wandte sich eine besonders scharfzüngige Seminarteilnehmerin einmal an die skeptische Kollegin und fragte: »Sie meinen also, er solle öfters im Haushalt helfen, wollen aber nicht hören, wie er grundsätzlich dazu steht, ob er sich dafür Zeit nehmen kann und ob er überhaupt weiß, wie man den Abfall trennt? In anderen Worten: Sie möchten mit einem Mann zusammenleben, sich aber nicht wirklich mit ihm unterhalten? Sie möchten, dass er spurt, keinen Meinungsaustausch?«

Wollen Sie es sich einfach machen? Oder wollen Sie sich durchsetzen?

Das fand ich, ehrlich gesagt, etwas brutal. Der Angesprochenen gingen dabei jedoch die Lichter auf. Sie sagte: »Stimmt. Seine Meinung dazu interessiert mich gar nicht. Vielleicht reagiert er deshalb so abweisend.« Kluge Erkenntnis.

> **STOP** Es ist sehr unwahrscheinlich, dass jemand sich an das hält, was Sie mit ihm besprochen haben, wenn Sie seine Meinung ignorieren!

Sie reagieren doch auch nicht besonders motiviert, wenn Ihre Meinung ignoriert wird, oder? Die besonders scharfzüngige Teilnehmerin erklärte, wie sie es macht: »Ich frage meinen Partner selbst bei Dingen, die für mich selbstverständlich sind – eben weil ich weiß, dass sie es für ihn nicht sind: Kriegst du das bis … unter? Was musst du dafür noch wissen? Was brauchst du dazu? Lade ich dir damit etwas auf, das dir gegen den Strich geht?« Daraufhin wandte eine dritte Teilnehmerin ein: »Aber das ist doch alles sonnenklar! Das muss er doch wissen! Den Abfall runterbringen ist doch keine Atomphysik!« Mit Verlaub, so denken Durchsetzungsschwache. Frauen, die sich durchsetzen, wissen, dass Durchsetzen gleich Kommunikation ist. Und wenn wir nicht kommunizieren, weil das »eh' alles klar ist«, werden wir uns auch nicht durchsetzen.

Keine Absprache ohne Vereinbarung!

Reden Sie nicht rum! Vereinbaren Sie!

Oft glauben Frauen, es reiche, über ein Thema nur ausführlich genug zu reden, damit das Nötige passiert. Das ist so weit verbreitet wie falsch. Eine Angestellte in einem Industrieunternehmen verriet mir: »Neulich haben wir uns zu dritt darüber ausgelassen, dass unsere Ablage ein Chaos ist, dass man stundenlang suchen muss und dass einige Vorgänge gar nicht mehr zu finden sind! Jetzt ist jede von uns dreien auf die anderen beiden sauer. Denn obwohl wir wirklich lang und ausführlich darüber geredet haben, hat sich nichts am Chaos geändert! Keine hat auch nur einen Finger krumm gemacht!« Enttäuschend? Sicher. Aber auch logisch: Es reicht nicht,

lang und breit über ein Thema zu reden. Wenn Sie keine explizite Vereinbarung treffen, passiert auch nichts oder nicht das Gewünschte!

Vereinbarungen treffen – das ist es, was der Volksmund meint mit: Nägel mit Köpfen machen. Wenn Sie bloß besprechen, ohne zu vereinbaren, was passiert dann? Das erleben wir jeden Tag: »Reparier endlich das Licht im Keller!« – »Jaja!« Wir kennen alle die berühmten Jaja-Antworten der Männer. Was bedeutet dieses Jaja? Ins Deutsche übersetzt: »Lass mich damit doch in Ruhe!« Und damit geben Sie sich zufrieden?

Natürlich regt sich jede Frau über das Jaja auf, weil sie es durchschaut. Aber die wenigsten tun etwas dagegen, außer zu schimpfen und es beim nächsten Mal wieder genauso (falsch) zu machen.

Machen Sie es sich zur Gewohnheit: Keine Absprache ohne konkrete, explizite, wortwörtlich so bezeichnete Vereinbarung.

Gemacht wird nur, was klar ist

Lassen Sie uns über Häuser reden! So ein Haus ist eine schöne Sache. Teuer zwar, aber lohnt sich. Vor allem wenn die Lage gut ist und die Nachbarn nett.

Worüber haben wir gerade geredet? Über Häuser. Sind Sie sich sicher? Missverständnis ausgeschlossen? Ganz im Gegenteil. Wenn wir diese Übung im Seminar machen, ist der Schock groß. Nach fünf Minuten angeregter Unterhaltung stellt sich heraus: Wir reden zwar alle über Häuser, doch jede hat ein anderes Haus im Kopf! Die eine redet über das kleine Häuschen am Waldrand, die andere über die Reihenhaushälfte in der Stadt, die dritte über Wohneigentum zur Eigennutzung, die vierte über Wohneigentum als Einkommensquelle! Wenn wir schon bei so einem absolut trivialen Thema stundenlang aneinander vorbeireden können – wie schlimm muss das dann erst bei komplexen Dingen und vor allem bei Vereinbarungen sein!

STOP Wir gehen unbewusst ständig davon aus, dass das Besprochene dem anderen klar ist – weil es ja uns klar ist! Es gibt keinen größeren Irrtum in der zwischenmenschlichen Kommunikation.

Gehen Sie niemals davon aus, dass irgendetwas auch nur entfernt klar ist. Vor allem dann nicht, wenn »eigentlich überhaupt nichts unklar sein kann!«. Klarheit dürfen Sie niemals erwarten oder voraussetzen oder auf die leichte Schulter nehmen. Sie müssen sie immer erst überprüfen. Zum Beispiel mit folgender Checkliste.

Checkliste: Klarheit in Vereinbarungen

❑ Schon während Sie über die Dinge reden, beobachten Sie die Körpersprache Ihres Gegenübers: Stirnrunzeln, Lippenkneifen, Blickewandern … Es gibt so viele Anzeichen für »Mir ist da was nicht ganz klar!«.

❑ Gehen Sie auf diese Warnzeichen ein: »Ich sehe, da ist etwas unklar. Was genau?«

❑ Dieses Aufdecken und Abklären versteckter Unklarheiten ist wichtiger als das Beschreiben der Aufgabe und die Vereinbarung an sich!

❑ Klären Sie alle Komponenten Ihrer Vereinbarung explizit ab. Aber bitte nicht mit »Alles klar, Alter?«. So machen Männer das. Weil das eine Suggestivfrage ist, klärt sie nichts.

❑ Fragen Sie vielmehr jeden Punkt der Vereinbarung einzeln ab: »Ist der Termin realistisch? Habe ich klarmachen können, was genau ich von Ihnen möchte? Ist die Qualität machbar? Ist die Menge verfügbar?«

❑ Bei besonders wichtigen Vereinbarungen, Neuland-Aufgaben, komplexen Projekten, wenig zuverlässigen oder unerfahrenen Partnern sollten Sie nicht nur das Was, sondern auch das Wie abklären: »Wie wollen Sie nun vorgehen? Welche Schritte planen Sie? Welches ist der erste Schritt? Welche Methoden und Instrumente setzen Sie ein? Haben Sie

Wer gut klären kann, setzt sich gut durch

schon vergleichbare Fälle bearbeitet? Wie ist Ihre Erfahrung damit? Welche Ressourcen brauchen Sie? Sind diese verfügbar?«

Es liegt auf der Hand, dass Sie insbesondere mit dem letzten Checkpunkt die Umsetzungswahrscheinlichkeit Ihres Wunsches extrem steigern können. Warum? Weil Sie dabei die potenziellen Unfallstellen des Vorhabens abklären. Dieser Checkpunkt trennt Durchsetzungsstarke von Durchsetzungsschwachen. Erstere machen sich die Mühe (denn es ist eine Mühe), alle diese (und mehr) Fragen zu stellen. Letztere wundern sich, warum der andere sich nicht an das Besprochene hält …

»Aber ist es nicht unhöflich, andere so auszufragen?«, höre ich immer wieder. Nein. Der andere fasst das selten als unhöflich auf. Im Gegenteil. Er/sie freut sich darüber, dass Sie nicht bloß eine AUA-Delegation vornehmen (Anhauen – Umhauen – Abhauen), sondern sich wirklich dafür interessieren, wie der andere seine Arbeit erledigt.

Was die Mädels von den Frauen trennt

Dass etwas klar ist, heißt nicht, dass es auch gemacht wird

Frauen schildern, erklären und behandeln in Meetings oft jeden Aspekt eines Themas ausführlich. Jede spricht sich zum Thema aus. Jede nickt bedeutungsvoll zu den Beschlüssen. Hinterher sagt dann oft sogar eine(r): »Jetzt müsste aber wirklich alles klar sein!« Ist es das? Mag sein. Bringt das was?

 Es ist wichtig, dass eine Sache klar ist. Aber noch viel wichtiger ist, dass sie tatsächlich gemacht wird!

Klarheit ist schön, aber Umsetzung ist schöner! Natürlich gibt es keine Realisierung ohne Klarheit – doch umgekehrt wird kein

Schuh daraus: Klarheit allein bringt rein gar nichts, im Gegenteil, sie ist Zeitverschwendung, solange die konkrete Umsetzung ausbleibt oder unbefriedigend ist. Sie brauchen beides: absolute Klarheit (auf Seiten Ihres Partners!) und eine verbindliche Vereinbarung – die ebenfalls absolut klar sein muss!

Erwarten Sie nicht, dass andere eine Vereinbarung einbringen oder der Betreffende »schon weiß, was er tun soll«. Das reicht nicht. Diese impliziten Erwartungen funktionieren nicht! Wenn Sie etwas von jemandem wollen, müssen Sie das schon unmissverständlich als Bitte oder Vereinbarung aussprechen.

Seien Sie bei dieser Vereinbarung so klar, einfach, genau und konkret wie irgend möglich! Sagen Sie zum Beispiel nicht »möglichst bald!«, sondern »bis Dienstagvormittag«. Das trauen Sie sich nicht? Das trauen sich viele Frauen nicht. Warum nicht? »Weil ich nicht so bestimmerisch sein möchte«, höre ich oft. Vorschlag zur Güte: Seien Sie so genau wie möglich und gleichzeitig überhaupt nicht »bestimmerisch«.

Vereinbarungen: klar, aber freundlich

Wie das geht? Zum Beispiel so: »Ich habe bei diesem Artikel wirklich keine Verwendung für B-Qualität. Ich brauche A-Qualität, wenn möglich mit Stern. Ich weiß, dass ich viel von Ihnen verlange (Verständnis ist das Gegenteil von bestimmend). Aber sagen Sie mir: Verlange ich wirklich zu viel? Ist das für Sie eine unbillige Härte?« Wer so höflich, freundlich und zuvorkommend fragt, kann gar nicht als doofe Bestimmerin missverstanden werden. Merke: Sie können alles, was Sie sagen, so sagen, dass es »bestimmerisch«, zickig, aufdringlich, unreif, kleinmädchenhaft … ankommt. Das können Sie so ausdrücken, aber das müssen Sie nicht. Sie können umgekehrt alles so formulieren, dass Sie und Ihre Botschaft klar und trotzdem freundlich ankommen. Der Ton macht die Musik. Natürlich ist es leicht, sich im Ton zu vergreifen (vor allem wenn man zu wenig übt). Doch im Ton richtig zu liegen macht einfach mehr Spaß und Erfolg.

Richtig vereinbaren

Reden Sie nicht um den heißen Brei herum. Warten Sie nicht auf die Zusagen anderer. Ergreifen Sie selbst die Initiative, schlagen Sie eine Vereinbarung vor. Das fällt Frauen schwer. Vielen fehlen dafür schlicht die Worte. Daher einige Musterformulierungen zum Angucken und Anpassen an Ihre eigenen Sprachgewohnheiten:

❑ »Ich denke, wir haben alles geklärt. Ich möchte deshalb folgende Vereinbarung vorschlagen: …«
❑ »Okay, wie wäre es jetzt, wenn wir …?«
❑ »Gut, wie geht's jetzt weiter? Ich denke mal …«
❑ »Folgender Vorschlag: Wir …«
❑ »Genug geredet, schreiten wir zur Tat: Wer macht was bis wann?«

Was gehört in eine Vereinbarung hinein? Eine komplette Beschreibung des Vereinbarten. Das sind im Allgemeinen die fünf Ws:

❑ Wer?
❑ Macht was?
❑ Bis wann?
❑ Mit welcher Zielerreichung? (Art, Menge, Qualität)
❑ Warum? Wozu? Weshalb?

Was in eine Vereinbarung hineingehört

Um unser Trivialbeispiel aufzugreifen: »Bitte wechsel (wer?) bis morgen Nachmittag (bis wann?) die kaputte Kellerbirne (was?) aus. Die neue Birne sollte so hell sein, dass das Licht auch in die Ecken kommt (Zielerreichung). Ich suche mich nämlich öfters dumm und dämlich, weil ich nicht genug sehe! (warum?)« Das hört sich doch ganz anders an als »Wechsel endlich die verdammte Birne aus!«
Selbst wenn der Ansprechpartner nicht damit einverstanden ist, ist dieser W-Vorschlag wenigstens so konkret, dass Sie über Einzelpunkte diskutieren und eine neue Vereinbarung treffen können. »Reparier endlich das Licht!« Nach so einem Vorschlag kann es keine sinnvolle Diskussion geben. Eigentlich erstaunlich, nicht

wahr? Da reden Frauen angeblich so gerne. Doch wenn es um Vereinbarungen geht, sind sie oft seltsam wortkarg. »Reparier endlich das Licht!« Das ist wie »Hol's Stöckchen!« Das funktioniert nicht, wenn der Ansprechpartner kein Hund ist ...

Immer auf den Kalender schauen!

Ilona sagt zu ihrem Chef: »Herr Doktor Müller-Weißenstein, ich bin kurz davor, das Felger-Angebot abzugeben. Wenn Sie mir bis Donnerstagvormittag die neuen Zubehördaten reingeben, kann ich das auch noch ins Angebot integrieren.« Wie schätzen Sie die Durchsetzungskraft von Ilona ein? Richtig, sie ist überdurchschnittlich hoch. Erkennen Sie auch, warum? Genau, sie traut sich ganz schön was gegenüber ihrem Chef, der immerhin promoviert und Topmanager ist! Ilonas Mut ist offensichtlich, ihre technische Durchsetzungsstärke fällt jedoch nur dem geübten Auge auf:

> **STOP** Wenn Sie eine Vereinbarung ohne Zeithorizont treffen, halbieren Sie damit (unabsichtlich, aber sehr wirkungsvoll) die Wahrscheinlichkeit der Umsetzung der Vereinbarung.

Genau aus diesem Grund sind Männer im Haushalt so »unbrauchbar«. »Reparier doch endlich das Gartentürchen!« Warum tut er es immer noch nicht? Weil »endlich« keine vernünftige Zeitangabe ist. Studien und die eigene Erfahrung zeigen ganz klar: Vereinbarungen mit Zeitangabe werden ungefähr doppelt so häufig eingehalten wie »zeitlose« Absprachen.

»Mein Oller hält sich auch dann nicht daran, wenn ich ihm sage, dass er das bis Donnerstag machen soll!«, sagt an dieser Stelle immer eine Frau im Seminar – und alle anderen nicken teilnahmsvoll. Jaja, die Männer. Quatsch mit Soße! Wenn eine Frau, die im Schnitt den doppelten Wortschatz und ein Viertel mehr Verstand mitbringt als ein Mann, sich gegenüber einem Mann nicht durchsetzen kann, dann liegt das doch nicht am Mann!

Tipp Selbst wenn sich ein Partner nicht an die Zeitvorgabe hält, stehen Sie immer noch besser da als ohne Terminvorgabe.

Warum das? Weil Sie mit Terminvorgabe *nachhaken* können. Versuchen Sie das mal ohne Termin! Das endet immer mit Ausreden wie: »Ach, das eilt doch nicht!« Oder: »Warum haben Sie nicht gleich gesagt, dass Sie es bis heute wollen?«

Besonders durchsetzungsstarke Frauen haken schon *vor* Erreichen des Termins nach. Vor allem bei ihren Pappenheimern. Fasst der Pappenheimer das nicht als Big-Sister-Kontrolle auf? Das ist die Befürchtung durchsetzungsschwacher Frauen. Die Antwort: Nein, wenn Sie nicht zwanghaft kontrollieren, sondern sich höflich und freundlich nach dem Fortgang der Dinge erkundigen. Musterformulierung: »Wie geht's? Wie läuft's? Ich wollte mich mal nach Ihrem Fortschritt in Sachen ... erkundigen.« Das fasst keiner als Kontrolle auf, sondern als das, was es ist: Interesse, Anteilnahme, Motivation. Und damit der Gefragte nicht wegen seines schlechten Gewissens Ausflüchte bemüht, können Sie ihm vorbeugend eine goldene Brücke bauen: »Sind unvorhergesehene Hindernisse aufgetaucht?«

Wenn Sie beziehungsfreundlich formulieren, fasst der Gefragte Ihr vorbeugendes Nachhaken nicht als Kontrolle, sondern als Hilfestellung auf!

Mitarbeiter von durchsetzungsstarken Frauen sagen mir immer wieder: »Ich habe das noch nie als Kontrolle aufgefasst! Im Gegenteil. Ich habe das Gefühl, dass ihr wichtig ist, was ich mache, und dass sie sich für meine Arbeit interessiert! Sie kommt nicht erst, wenn das Kind im Brunnen liegt. Mit ihr kann ich über alles offen reden.«

Und trotzdem haben Frauen große Hemmungen vor dem Nachhaken: »Ich möchte nicht drängen. Ich will keinen Druck machen. Wie sieht das denn aus, wenn ich ihn/sie ständig an die Aufgabe erinnere? Ich möchte nicht misstrauisch erscheinen.« Das ist verständlich – aber leider ein grandioser Irrtum!

Wenn Sie mit Auftragnehmern (im weitesten Sinne) über die vereinbarte Aufgabe reden, fassen diese das nicht als Misstrauen, sondern im Gegenteil als Ausdruck einer besonders vertrauensvollen Beziehung auf!

»Was? Sie sind immer noch nicht fertig? Jetzt aber mal husch husch!« Wenn Sie auf diese Weise nachhaken, ist natürlich klar, dass der Betroffene betroffen reagiert. Aber wer verlangt denn von Ihnen, dass Sie wie ein Mann nachhaken sollen? Sie sind doch keiner! Aber: Sie sind ständig von welchen umgeben, die nach der Holzhammermethode nachfassen. Da übernimmt frau automatisch und unbewusst viele männliche Sprachgewohnheiten. Kleiner Tipp: Hören Sie bewusst hin, wenn Männer reden. Reden sie gut, übernehmen Sie das Gute. Reden sie Unfug, machen Sie es besser.

Keine Vereinbarung ohne Einverständnis!

Wechselt mann die Birne aus? Kommt drauf an. Worauf? Ob er mit Ihrem Vorschlag einverstanden ist. Es ist gerade im geschäftlichen Kontext ganz erstaunlich, dass Frauen trotz ihrer viel gepriesenen emotionalen Intelligenz oft die stillschweigende Ablehnung des Partners übersehen. Tatsächlich regiert hier der galoppierende Sexismus:

STOP Vereinbart ein Mann etwas, hält sich der Gesprächspartner oft selbst dann daran, wenn er nicht einverstanden ist (weil Männer aus der Machtposition heraus agieren). Vereinbart eine Frau etwas, pfeift der Gesprächspartner auf die Vereinbarung, wenn er nicht damit einverstanden ist.

Das ist dämlich und ungerecht. Aber wir leben nun einmal nicht in einer gerechten Welt. Daher: Egal, was Sie vereinbaren, holen Sie das Einverständnis Ihres Partners ein!

- ❑ »Was sagen Sie dazu?«
- ❑ »Sind Sie damit einverstanden?«
- ❑ »Was möchten Sie noch anfügen?«
- ❑ »Geht das für Sie so in Ordnung?«

Musterformulierungen

Es ist klar, dass Sie dieses Einverständnis nur bei komplexen Verhandlungsgegenständen explizit einholen. Bei trivialen Bitten oder Delegationen sollten Sie nicht nach dem Einverständnis fragen, weil Sie das durchsetzungsschwach erscheinen lässt. Sie sollten jedoch nach dem *impliziten* Einverständnis suchen. Beobachten Sie die Körpersprache Ihres Gegenübers und gehen Sie auf versteckte Anzeichen von mangelnder Zustimmung ein. Betrachten wir ein Gespräch zwischen zwei gleichrangigen Mittelmanagern:

Sie: »Wie ich sehe, gefällt Ihnen meine Bitte nicht. Was stört Sie daran?«

Er: »Ich würde schon gerne. Aber ich habe ehrlich gesagt einfach keine Zeit dazu!«

Sie: »Kann ich nachvollziehen. Ich mache Ihnen einen Vorschlag: Ich brauche nur die Kerndaten. Lassen Sie die ganzen Randdaten einfach weg. Würde das Zeit sparen?«

Er: »Hm, ja, schon …«

Sie: »Okay, dann halten wir also fest: Sie liefern mir die Daten bis Donnerstag in der abgespeckten Basisversion.«

Darauf hellt sich die Miene des Kollegen auf – die Kollegin sieht: Aha, das trifft eher sein Einverständnis. Mit dieser simplen Maßnahme hat sie die Umsetzungswahrscheinlichkeit ihrer Bitte glatt verdoppelt. Und das mit ein paar Worten!

Frauen sind in diesem Punkt Männern übrigens weit überlegen, weil sie die Körpersprache ihres Gegenübers automatisch beobachten und daher leichter und schneller Zeichen von Ablehnung erkennen können. Männer achten beim Durchsetzen nur auf sich.

Suchen Sie nach dem Einverständnis!

Warum Männer ohne Macht hilflos sind

Wer so blind für den anderen ist, ist ohne formale Machtposition beim Durchsetzen natürlich aufgeschmissen. Deshalb brauchen Männer Macht: Ohne könnten sie sich nicht durchsetzen.

Mit Konsequenzen drohen?

Ein heikles Thema. Sollen Frauen das? Nimmt mann ihnen das ab? Wirkt das nicht zu hart? Bringt das überhaupt was? Ist die Beziehung danach futsch? Ist eine Frau, die mit Konsequenzen droht, gleich eine Megäre und Xanthippe? Das sind die häufigsten Fragen in Seminaren und Coachings. Die Antwort darauf ist simpel:

STOP Wenn Sie als Frau drohen wie ein Mann, verwandeln Sie sich in den Augen Ihres Gegenübers (egal ob Mann oder Frau) in einen Mann.

»Herr Müller, wenn Sie das nicht bis Mittwoch fertig haben, dann steppt hier aber der Bär!« So drohen Männer. Affig. Ineffektiv. Beziehungstötend. Das weibliche Pendant ist: »Aber Herr Müller, wenn ich das nicht bis Mittwoch habe, dann kann ich doch überhaupt gar nicht weitermachen!« Wie klingt das? Wie eine Sechsjährige. Unmöglich. Peinlich. Kleinmädchenhaft.

  Drohen Sie nicht, machen Sie keinen Druck, mädeln Sie nicht rum. Reden Sie sachlich, vielleicht sogar charmant. Konsequenzen brauchen keine Drohungen! Konsequenzen sprechen für sich selbst!

Zum Beispiel: »Ich brauche Ihre Vorarbeit bis allerspätestens Mittwoch. Dann kann ich bis zum Wochenende die nächste Stufe vorbereiten. Wenn ich das nicht schaffe, dann verlieren wir die komplette nächste Woche und 12000 Euro für die verfallene Laborzeit.« Eine ganze Woche und 12000 Euro? Das ist schlimm. Das spricht für sich. Das benötigt keine Drohung! Ihr Ansprech-

partner ist ja nicht blöd. Der weiß auch, dass die 12000 Euro eine Stange Geld sind.

Sie sehen: Es gibt einen feinen Unterschied zwischen Konsequenzen und Drohungen. Leider geht dieser Unterschied durchsetzungsschwachen Frauen ab. Sie halten das sachliche Ansprechen von Konsequenzen für eine Drohung, weshalb sie sich nicht trauen, Konsequenzen aufzuzeigen. Viele Kommunikationsforscher schieben das auf die mangelnde Artikulationsfähigkeit von durchsetzungsschwachen Frauen. Ich habe da meine Zweifel. Denn dass irgendeine Frau artikulationsschwach ist, muss mann mir erst noch beweisen.

Ich halte eine andere Erklärung für stichhaltiger: Es ist (wieder mal) eine Frage der inneren Einstellung. Und diese lässt sich oft überraschend einfach korrigieren. In Seminaren sage ich oft: »Sie sprachen gerade davon, Konsequenzen anzudrohen. Wollen Sie das wirklich? Sie wollen doch nicht wirklich jemandem *drohen*? Es geht nicht darum, mit Konsequenzen zu drohen, sondern die etwaigen *Folgen* eines Vereinbarungsbruchs *anzusprechen*.« Ansprechen statt drohen? Damit hatte noch keine Frau ein Problem.

Wer die Konsequenzen anspricht, braucht nicht zu drohen

Die Erfordernis der Schriftform

Werden wir zur Abwechslung mal kategorisch:

 Tipp Wenn Sie sich nicht angewöhnen, so viele Vereinbarungen wie möglich schriftlich zu bestätigen, werden Sie es in dieser (Arbeits-)Welt nicht wirklich weit bringen.

Selbst im Big Business ist die Schriftform eine Pflicht, die jeder bejaht, die jedoch ständig versäumt wird – mit teilweise katastrophalen Folgen. Nach einem Meilenstein-Meeting eines Millionenprojekts zum Beispiel ließ das Sitzungsprotokoll drei Wochen auf sich warten. In dieser Zeit arbeitete das Projektteam natürlich (Endtermin droht!) munter weiter. Als das Protokoll endlich eintraf, wunderten sich die Teammitglieder über einige Beschlüsse:

»Hatten wir das tatsächlich so beschlossen? Das kann nicht sein! Wir sind doch jetzt schon seit Wochen in eine ganze andere Richtung unterwegs!« Also machte man unbeirrt weiter – und bezahlte am Endtermin eine Konventionalstrafe über zwei Millionen, weil der Kunde die Abnahme verweigerte (und bis heute noch sauer ist).

Männer können nicht lesen? Macht nichts. Hauptsache, Sie können lesen!

Immer wieder beklagen sich Frauen: »Wir haben das damals fünfmal durchgesprochen. Und heute kommt er mir mit: ›Aber damals haben wir etwas ganz anderes vereinbart!‹ Was für ein Schuft!« Nein, was für ein naives Mädchen. Wenn Sie nichts Schriftliches haben, steht Wort gegen Wort. Dann nützt es auch nichts, dass Sie recht haben. In der Erinnerung verblassen eben viele Dinge. Gerade deshalb wurde die Schrift erfunden! Nutzen Sie diese hilfreiche Erfindung ausgiebig!

Ignorieren Sie dabei auch, dass die meisten Männer funktionelle Analphabeten sind, das heißt Schriftstücke so gut wie nicht lesen/verstehen (können). Das ist irrelevant. Relevant ist allein Folgendes:

Sie: »Herr Müller, sehen Sie, was da steht? Damals hatten wir eine Toleranz von drei Prozent vereinbart. Heute liefern Sie mir fünf Prozent.«

Er: »Hm, haben wir das tatsächlich so vereinbart? Muss wohl stimmen, wenn das hier so steht.«

Vor allem dann, wenn Herr Müller damals selbst die Vereinbarung schriftlich bestätigte, was uns zum nächsten Punkt bringt.

Das Äh-bäh-Prinzip

Warum lassen wir uns Vereinbarungen oft nicht bestätigen? Warum »vergessen« wir die Schriftform? Warum klären wir Vereinbarungen nicht Punkt für Punkt ab? Warum prüfen wir nicht nach, ob der andere überhaupt einverstanden ist mit der Vereinbarung?

Das hat nichts damit zu tun, dass Frauen diese Punkte nicht kennen, »die Technik nicht beherrschen« oder »sich einfach nicht

Checkliste: Die schriftliche Bestätigung

❏ Bestätigen Sie Vereinbarungen schriftlich und so schnell wie möglich.

❏ Die besten Ergebnisse erzielen Sie meiner Erfahrung nach, wenn Sie noch während der Besprechung den Text ins Notebook tippen, die Vereinbarung ausdrucken und verteilen. Erst wenn das schwarz auf weiß vorliegt, fällt bei vielen Verhandlungspartnern der Groschen, was da in einzelnen Punkten gerade vereinbart wird!

❏ Ist die Notebooklösung nicht feasible (wie man im Business für »machbar« sagt), dann setzen Sie sich noch am selben Tag hin und e-mailen Sie die Vereinbarung zumindest in Kurzform.

❏ Bitte verwechseln Sie das Protokoll nicht mit der Vereinbarung. Das Protokoll darf ruhig länger dauern (das liest eh' keiner).

❏ Bestehen Sie auf einer schriftlichen (was sonst?) Gegenbestätigung Ihrer schriftlichen Fassung der Vereinbarung.

❏ Haken Sie unbarmherzig nach, bis diese vorliegt. Wundern Sie sich nicht. Vor allem Männer (sofern Nichtjuristen) tun sich schwer mit Lesen und Schreiben. Wie viele Männer kennen Sie, die zum Beispiel einen Roman lesen (können)? Eben.

❏ Eine gute Vereinbarung ist KISS (keep it short and simple). Je kürzer, desto eher wird sie bestätigt. Alles, was länger als eine halbe Seite ist, wird problematisch.

❏ Machen Sie sich darauf gefasst, dass viele Partner »nachkarten« – weil sie nämlich erst bei der Bestätigung die Vereinbarung richtig überdenken. Sehen Sie das positiv: Besser spät die Vereinbarung kapiert als zu spät.

durchsetzen können«, wie die passenden Machosprüche dazu lauten. Das hat vielmehr (wieder einmal) etwas mit der Einstellung zu tun.

> **STOP** Viele Frauen möchten ihren Wunsch nicht so sehr eigeninitiativ, engagiert und aktiv durchsetzen. Sie möchten den Wunsch lieber nur loswerden, abladen, an einen anderen abgeben – nach dem Motto: »Da! Mach du! Und lass mich damit in Ruhe! Komm erst wieder, wenn das erledigt ist!«

Da begegnet uns erneut das Dornröschen-Syndrom (s.a. Kapitel 1): sich ins Kämmerlein zurückziehen und darauf warten, dass jemand anders die Dornenhecke stutzt und die Schnittabfälle biologisch-dynamisch entsorgt. Das ist menschlich. Es ist Ihre Wahl: Sie können es wie Dornröschen machen – oder sie können sich aktiv für Ihre Wünsche einsetzen. Eine berufstätige Mutter mit vier Kindern verriet mir dazu ihr Rezept: »Was meinen Sie, wie gerne ich jeden Tag viele kleine und große Dinge einfach mit ein, zwei Worten wegdelegieren würde! Aber Wünsche sind wie Kinder: Wenn man sich nicht um sie kümmert, dann verkümmern sie. Es reicht nicht, sie bei den Großeltern abzugeben und zu hoffen, dass die Großmutter die ganze Arbeit macht.« Ein gutes Rezept.
Seien Sie Ihren Wünschen eine gute Patin, Mutter, Begleiterin! Kümmern Sie sich um sie – auch und gerade nachdem Sie sie an andere weitergegeben haben.

Karten Sie nach!

Was machen Sie, wenn ein Partner drei Tage nach einer Vereinbarung angedackelt kommt und »nachkarten« will? »Wortbruch!« Oder: »Gestern hü, heute hott – kann der sich mal für eine Sache entscheiden?« So ärgern auch Sie sich? Das ist eine Möglichkeit. Keine besonders intelligente.

Überlegen Sie mal, was passiert, wenn Sie den Nachverhandlungswunsch des Partners ablehnen oder auch nur unwirsch behandeln. Wird er seinen Wunsch deshalb aufgeben? Kaum. Eher drücken Sie den Wunsch damit (unabsichtlich) in den Untergrund, von wo aus er künftig für Unruhe und Störungen sorgen wird.

 Machen Sie keinen Aufstand. Nichts ist für die Ewigkeit. Nachverhandlungen gehören zum Leben wie die Sahne in den Kaffee.

Das heißt: Auch Sie dürfen nach Herzenslust nachverhandeln! Das ist unerhört? Richtig. Ein Bereichsleiter eines Automobilbauers sagte mir bei einem Stehempfang: »Frauen sind angenehme Verhandlungspartner. Selbst wenn sich die objektive Sachlage zu ihren Ungunsten verändert hat, nehmen die meisten lieber einseitig Verschlechterungen in Kauf – obwohl ich allein schon wegen der Sachlage gezwungen wäre, neu mit ihnen zu verhandeln.« Seine Frau, die mit dem Sektglas daneben stand, kommentierte: »Was du meinst, ist: Frauen sind dämlich. Die schneiden sich ins eigene Fleisch, anstatt den Mund aufzumachen!« Der Manager grinste dazu nur.

Frauen leiden lieber, als nachzuverhandeln

Natürlich weiß ich, dass Ihnen mächtig die Knie zittern, allein schon beim Gedanken an Nachverhandlungen. Meinen Sie, mir ginge das anders? Auch durchsetzungsstarken Frauen zittern die Knie (nicht nur bei Nachverhandlungen). Der Unterschied zu durchsetzungsschwachen Frauen ist lediglich: Schwache Frauen kneifen, starke Frauen gehen mit zitternden Knien rein und verhandeln nach – und fühlen sich danach großartig, einmal ganz vom objektiv in der Nachverhandlung erzielten Erfolg abgesehen. Was macht starke Frauen stark für Nachverhandlungen? Zum Beispiel die BATNA (s. Kapitel 6), die »best alternative to a negotiated agreement«, wie das Harvard-Konzept vorschlägt. Fragen Sie sich: Was kann ich schon verlieren? Was passiert schlimmstenfalls, wenn meine Nachverhandlung fehlschlägt?

Dann stehen Sie auf keinen Fall schlechter da als vorher. Selbst wenn nichts Sachliches dabei herauskommen sollte (was wirklich ganz selten ist), kommt etwas ganz Wichtiges dabei heraus: Ihr Gesprächspartner registriert eindrücklich, dass Sie sich nicht für dumm verkaufen lassen, dass man es nicht mit Ihnen »machen kann«, dass Sie sich zu wehren wissen – und wird bei der nächsten Verhandlung umso nachgiebiger sein.

Checkliste: Kurz gesagt

Das Kapitel in superkurzer Form zusammengefasst:

- ❏ Besprechen Sie weniger und vereinbaren Sie mehr.
- ❏ Mit etwas Erfahrung können Sie immer stärker auf die bloße Besprechung verzichten und immer früher eine konkrete Vereinbarung anstreben.
- ❏ Wenn möglich, besprechen Sie gar nichts mehr und vereinbaren Sie sofort. Das verhindert, dass unnützes Zeug besprochen und Zeit vertrödelt wird. Es wird nur das besprochen, was aus Perspektive der letztendlich ausschlaggebenden Vereinbarung wichtig ist.
- ❏ Wenn Sie sich durchsetzen wollen, müssen Sie Nägel mit Köpfen machen: Vereinbaren Sie!
- ❏ Üben Sie das Vereinbaren im Alltag mit Kindern, Freunden, der Familie. Das gibt Sicherheit.

11 Das Kapitel für hoffnungslose Fälle

Viele meiner Freundinnen tun so, als ob Gegenwind bedeutet:
Hör auf! Es ist aussichtslos! Ich glaube, Gegenwind bedeutet:
Du bist auf dem richtigen Weg! Weiter so!
Romina, 32, Bankangestellte

Wenn Sie nicht mehr weiterwissen

»Ich habe schon alles probiert und nichts hat funktioniert!«
»Das schaffe ich nie!«
»Das ist von vornherein aussichtslos!«
»Hin und wieder muss man eben zurückstecken.«

Es gibt keine aussichtslosen Fälle!

To do Das denken Sie auch manchmal? Welche Ihrer aktuellen Wünsche oder Vorhaben fallen in diese Kategorie, die Kategorie der »aussichtslosen Fälle«? Listen Sie diese auf (fünf reichen fürs Erste):

....
....
....
....
....

Vielleicht haben Sie es bemerkt: Es kostet Überwindung, die hoffnungslosen Vorhaben aus dem Gedächtnis hervorzukramen, weil wir sie unbewusst oft schon verdrängt haben. Wenn es Ihnen

gelungen ist, stellen Sie sich eine Frage: Stimmt das? Sind diese Wünsche tatsächlich faktisch aussichtslos? Dabei werden Sie eine interessante Entdeckung machen:

 Bestimmte Dinge fühlen sich aussichtslos an – doch Gefühle sind keine Tatsachen.

Feelings are not facts

Eine weiße Tasse ist eine weiße Tasse. Das ist eine Tatsache. Wenn Sie jedoch in einem Experiment zehn Testpersonen eine Aufgabe geben, die sie effektiv überfordert, werden Sie eine Überraschung erleben: Sechs bis acht von ihnen werden nach einer individuell unterschiedlich langen Bearbeitungszeit mit der Begründung »Aussichtslos!« aufgeben. Zwei bis vier von ihnen werden jedoch munter weitermachen und Sachen sagen wie: »Ich habe noch nicht alles probiert!«, »A bissel was geht immer!«, »Das kriege ich schon noch hin, geben Sie mir etwas mehr Zeit!«.

Ob und vor allem wann eine Situation aussichtslos erscheint, hängt weniger von der objektiven Situation und sehr viel stärker von den subjektiven Gefühlen der Person ab, welche die Situation erlebt.

Wie schnell sind Sie mit dem Etikett »Aussichtslos!« zur Hand? Woher kommt dieses Gefühl? Und möchten Sie diesem Gefühl tatsächlich Ihre Zukunft anvertrauen?

Möchten Sie wirklich schon aufgeben?

Sie haben das Gefühl, eine Sache sei aussichtslos. Gut. Gefühle sind wichtig. Die Frage ist nur: Können Sie diesem Gefühl vertrauen? Das können Sie herausfinden, indem Sie sich fragen:

Sie bezweifeln Ihren Erfolg? Bezweifeln Sie lieber den Zweifel!

- ❏ Ist mein Vorhaben aussichtslos oder rede ich mir das nur ein?
- ❏ Möchte ich jetzt wirklich auf-/nachgeben?
- ❏ Würde meine beste Freundin (Mentorin, Coach) diese Einschätzung teilen?
- ❏ Warum glaube ich, es sei aussichtslos? Würde diese Begründung einer neutralen, objektiven Überprüfung standhalten?

Das heißt: Stimmt das faktisch überhaupt? Ist es plausibel und logisch? Sind die Gründe hieb- und stichfest?

❑ Habe ich wirklich alles versucht?

❑ Ich fühle mich jetzt schlecht – aber wie werde ich mich morgen, in einem Monat, einem Jahr fühlen, wenn ich jetzt nach-/aufgebe?

❑ Möchte ich noch einen letzten Versuch starten?

❑ Ich kenne die Gründe, die fürs Aufgeben sprechen – aber welche sprechen fürs Weitermachen? Und welche Gründe sind – Hand aufs Herz – die besseren?

❑ Ist es klug, aufzugeben? Oder bin ich einfach nur müde, bequem, frustriert?

❑ Anstatt aufzugeben – bräuchte ich vielleicht nur mal eine Denk- und Erholungspause?

Mit diesen Fragen möchte ich erreichen, dass Sie den meist unbewussten und hoch emotionalen Impuls des Auf- oder Nachgebens mit Ihrem gesunden Frauenverstand kultivieren. Wenn es ums Nach- oder Aufgeben geht: Seien Sie bloß nicht impulsiv! Denn leider gilt:

STOP Frauen geben viel zu früh auf. Jedenfalls viel früher als Männer.

Es ist nichts gegen das Aufgeben einzuwenden. Ich möchte nur verhindern, dass Sie sich damit selbst schaden, es nachher bereuen oder es unüberlegt tun. Wenn wir in Coachings oder Seminaren an diesem Punkt angelangt sind, sagen die meisten Frauen: »Stimmt, ich habe schon wieder viel zu früh nachgegeben. Aber was hätte ich denn tun sollen? Ich habe doch schon alles probiert!« Stimmt nicht.

Machen Sie Druck!

Den meisten Frauen ist nicht bewusst, dass sie in einer Konfliktsituation auch mal Druck machen könnten – sie sind zu gut, zu sanft,

zu bescheiden erzogen worden. Sie haben zu schnell ein schlechtes Gewissen, wenn sie Druck machen. Und wenn ihnen doch einmal der Kragen platzt, geht das häufig gebrauchte Ultimatum meist nach hinten los: »Wenn du nicht …, dann …!«

STOP Ein Ultimatum ist zwar auch eine Methode, Druck zu machen – doch eine Bumerangmethode.

Denn erstens belastet sie eine Beziehung bis zum Zerreißen – was nicht konstruktiv ist. Und zweitens hat sie einen entscheidenden Nachteil: Wer ein Ultimatum stellt, muss es im Negativfall auch in die Tat umsetzen. Das schaffen viele Frauen nicht, weil sie nicht an die Konsequenzen dachten, als sie das Ultimatum aussprachen.

Beim professionellen Druckmachen geht es nicht um Drohen, Bluffen oder Manipulieren. Es geht vielmehr um Klarheit:

Druck machen heißt nicht Ultimaten setzen, sondern Klarheit schaffen

❑ Machen Sie unmissverständlich klar, dass Sie eine Patt-Situation sehen: »Ich habe den Eindruck, wir kommen an diesem Punkt nicht weiter.«

❑ Machen Sie klar, dass Ihnen das gegen den Strich geht: »Ich kann das nicht akzeptieren. Ich werde mich keinesfalls damit begnügen.«

❑ Wenn Ihnen das zu hart ist, versuchen Sie es mit: »Ich würde das gerne so akzeptieren, aber ich kann auf keinen Fall mein Einverständnis dazu geben.«

❑ Machen Sie den Grund Ihrer Ablehnung klar (Ablehnungen ohne Begründung erscheinen willkürlich und nicht nachvollziehbar): »Ich kann das nicht akzeptieren, weil … (triftige Begründung).«

❑ Machen Sie Ihre Erwartungen klar: »Ich erwarte, dass wir zumindest … (Forderung anfügen).«

Ist das brutal? Ist das so, wie Männer Druck machen? Nein. Das ist sehr zivilisiert und intelligent. Vielleicht ist Ihnen an diesen fünf Punkten etwas aufgefallen: Es kommen keine Vorwürfe darin vor!

STOP Wenn Sie Druck machen, vermeiden Sie mit aller Anstrengung den typischen Frauenfehler: Meckern, Vorwerfen, Nörgeln, Zicken, Unterstellen à la »Du bist immer so …!«.

Hin und wieder mit Kalkül die Zicke rauszulassen kann sehr wirksam sein. Doch wenn das unbewusst und unreflektiert passiert, haben Sie schon verloren, weil der Gesprächspartner sich innerlich aus dem Gespräch ausklinkt: »Mann, die zickt hier wieder rum!«

Stellen Sie die Konditionalfrage

Was können Sie außerdem noch tun, wenn nichts mehr geht? Wenn der Partner sich keinen Millimeter bewegt, wenn Ihnen nichts mehr einfällt, können Sie immer noch fragen:

 »Ich sehe, dass wir auf der Stelle treten. Unter welchen Bedingungen könnten Sie mir denn überhaupt entgegenkommen?«

Wenn eine Verhandlung zum Stillstand gekommen ist, sind beide Seiten so weit voneinander entfernt, dass erst wieder Bewegung ins Gespräch kommt, wenn Sie die Position Ihres Gegenübers ausführlich beleuchten. Welches sind die konkreten Voraussetzungen, unter denen er/sie sich bewegen würde? Listen Sie sie auf.
Danach verhandeln Sie nicht mehr über Ihren eigentlichen Wunsch, sondern über die Bedingungen Ihres Partners, die dieser stellt. Dabei rutscht man häufig in eine Grundsatzdebatte hinein, die manchmal uferlos wird. Das stört viele: »Ich möchte hier doch keine Grundsatzdebatte führen!« Schön und gut. Aber was passiert, wenn Sie sie nicht führen? Dann treten Sie weiter auf der Stelle. Lieber eine Grundsatzdebatte führen als gar nicht weiterkommen.

Lösung durch die Hintertür

Selbst wenn eine Verhandlung offiziell gescheitert ist, muss das noch nichts heißen.

 Packen Sie Ihre sieben Sachen zusammen, gestehen Sie das Scheitern der Verhandlung offen ein, machen Sie sich auf den Weg und sagen Sie ruhig schon zwischen Tür und Angel: »Jetzt, da die Sache gescheitert ist, können Sie mir vielleicht sagen, woran es wirklich lag!«

Diese Aufforderung hat oft einen erstaunlichen Effekt, der bei Licht betrachtet nicht wirklich erstaunlich ist: Manchmal verstehen sich Paare erst nach der Scheidung oder dem Scheitern der Beziehung wirklich gut. Der Druck ist weg, die Kiste ist offiziell gescheitert – jetzt kann man offen und ehrlich miteinander umgehen. Manchmal ergeben sich aus diesem offenen, ehrlichen Ansatz die besten Verhandlungsergebnisse. Einen Versuch ist es allemal wert. Es kann ja nicht schlimmer werden, als es nach dem vorangegangenen Scheitern ohnehin schon ist!

Einfach nicht aufgeben

 Zwei Projektleiterinnen eines Konzerns verhandelten monatelang mit ihrem Vorgesetzten über eine Beförderung. Der Chef sagte immer: »Projektleitung ist eine Aufgabe und kein Rang. Dafür gibt es keine Beförderung!« Irgendwann gingen ihm »die zwei Zicken«, wie er sie nannte, derart auf die Nerven, dass er ihnen das Wort verbot: »Über dieses Thema werde ich nicht mehr mit Ihnen reden!« Die eine hielt sich daran: »Da ist wirklich nichts zu machen – wenn er so massiv wird.«

Die andere wartete ein Quartal und erwischte ihn eines schönen Morgens, als er ausnahmsweise mal gute Laune hatte. Sie sprach das Tabuthema trotz Verbot wieder an. Anstatt auszurasten, ging der Chef auf sie ein. Er beförderte sie zwar nicht, ließ sich jedoch zu einem Kompromiss überreden. Die andere Projektleiterin schaute dagegen in die Röhre. Warum? Weil sie aufgab. Zu Recht, wie sie selbst heute noch meint: »Wenn der Chef das Thema verbietet, dann halte ich mich daran. Er ist schließlich der Chef.«

Warum hielt sich die durchsetzungsstärkere der beiden Kolleginnen nicht daran? Sie sagt: »Ich bin kein kleines Kind. Wenn mir jemand sagt, ich solle aufgeben, dann muss ich das doch nicht tun! Wann ich aufgebe, entscheide alleine ich!«

Das ist das eine. Das andere ist: Wo steht geschrieben, dass frau überhaupt aufgeben soll? Ist Aufgeben wirklich eine logische Reaktion? Was bringt es? Und wem bringt es was? Bringt es Sie weiter? Nein? Warum sollten Sie es dann tun? Es ist das herausragende Charakteristikum durchsetzungsstarker Frauen, dass sie selbst dann noch weitermachen, wenn alle anderen längst aufgegeben haben.

 Wenn Sie das nächste Mal nachgeben möchten, machen Sie zur Probe mal einfach ganz ungeniert weiter – als ob Sie nie daran gedacht hätten nachzugeben. Und beobachten Sie, was passiert. Die Resultate sind meist verblüffend. Wie Henry Ford gesagt hat: »Die meisten Menschen scheitern nicht. Sie geben auf.«

Haben wir dabei nicht etwas übersehen? Richtig: Es gehört viel Mumm dazu, nicht aufzugeben, wenn alle einem dazu raten. »Mumm« heißt übersetzt »emotionale Intelligenz«. Das ist ein Kernthema in allen Coachings und Seminaren. Viele Frauen sagen: »Technisch ist mir schon klar, wie ich … (mich durchsetzen, mehr

Gehalt aushandeln, …) kann. Aber emotional ist das soo schwer!« Weil das so schwer und so entscheidend ist, ist das ein Buchthema für sich: Emotionale Intelligenz für freche Frauen. An dieser Stelle sei so viel gesagt: Wenn Sie schwach werden und aufgeben wollen, erinnern Sie sich daran, warum und wozu Sie das wollen, was Sie gerade anstreben. Der Gedanke daran gibt die nötige emotionale Kraft, auch bei Gegenwind nicht auf- oder nachzugeben. Vor allem wenn Sie diesen Gedanken in all seiner Pracht vor Ihrem inneren Auge ausmalen. Das ist die emotionale Intelligenz frecher Frauen: Die eigenen Wünsche für sich arbeiten zu lassen, aus der Visualisierung emotionale Kraft zu schöpfen. Das ist eine erlernbare Fähigkeit.

Was ganz anderes tun

»Ich habe dem Mitarbeiter hundertmal gesagt, er solle Formular 2A immer mit Anlage 4F einreichen – der Blödmann tut das immer noch nicht!« Wer ist hier der Blödmann? Richtig, die sich beklagende Vorgesetzte.
Viele durchsetzungsschwache Frauen benutzen ein und dieselbe Vorgehensweise Dutzende Male hintereinander ohne Erfolg – und schieben die Schuld dann auf den anderen. Das ist menschlich und verständlich und nicht besonders schlau.

> Die meisten hoffnungslosen Fälle sind nicht hoffnungslos, weil sie hoffnungslos wären, sondern weil die über die angebliche Hoffnungslosigkeit Klagende hoffnungslos auf ein einziges erfolgloses Verhaltensmuster fixiert ist.

Wenn Sie feststecken – versuchen Sie etwas ganz anderes. Was? Egal. In Sackgassensituationen kommt es nicht so sehr darauf an, dass Sie das Richtige tun – das (einzig) Richtige gibt es in komplexen Situationen ohnehin nicht. Es kommt viel mehr darauf an, dass Sie *etwas anderes* tun. Das nennt man auch Musterunterbrechung. Oder wie ein Axiom des Neurolinguistischen Program-

mierens sagt: »Wenn du das tust, was du immer schon tust, wirst du auch das erhalten, was du immer schon erhältst!« Wenn Sie feststecken, tun Sie alles Mögliche – bloß nicht das, was Sie bisher getan haben! Denn mit hoher Wahrscheinlichkeit ist es mit schuld daran, dass Sie jetzt feststecken.

Die zitierte Vorgesetzte zum Beispiel packte dem säumigen Mitarbeiter einen 40 Zentimeter hohen Stoß Anlagen 4F auf den Schreibtisch – und obendrauf stellte sie einen Sixpack Pilsener. Die Abteilung lachte sich schlapp über den demonstrativen Wink mit dem Zaunpfahl. Der gemaßregelte Mitarbeiter becherte den Sixpack zum Mittagstisch zusammen mit den Kollegen. Seitdem hat er nie wieder die Anlage 4F oder irgendeine andere Anlage vergessen.

Wenn Sie massiv unter Druck stehen

Je härter die Zeiten werden, je mehr Arbeitsplätze vernichtet werden, desto stärker geraten Frauen unter Druck. In vielen Unternehmen werden sie bevorzugt gekündigt, rausgeekelt oder gemobbt. Oft noch nicht einmal mit bösem Vorsatz. Viele Vorgesetzte sagen mir: »Ich bin darüber auch nicht glücklich. Aber ich muss 10 Prozent meiner Mitarbeiter abbauen. Das versuche ich natürlich vorrangig bei den Frauen. Denn erstens haben die meist eine Familie, in die sie zurück können. Und zweitens geben sie leichter nach als Männer.«

Auch wenn der Chef sagt »Es gibt nicht mehr Geld!«, akzeptieren Frauen das eher als Männer. Das ist nicht nur bei Job und Gehalt so: Frauen geben unter Druck nach, Männer fighten zurück.

Das ist halt so? Männer waren schon immer die Krieger, Kämpfer und Eroberer? Was für ein Quatsch! Versuchen Sie mal, einer jungen Mutter das wenige Monate alte Kind wegzunehmen – gegen den darauf einsetzenden Zorn der Mutter war Dschingis Khan ein Pazifist.

Frauen kämpfen seltener. Doch wenn sie es tun, können sie genauso hart durchgreifen wie jeder Mann. Besser sogar, wie mancher

Die Zeiten werden härter

Armee-Ausbilder und Bundesligatrainer behauptet. Ein Volleyball-trainer verriet mir mal: »Eine meiner Stellerinnen hat zwei Sätze mit gerissenen Bändern durchgespielt. Danach ist sie vor Schmerz bewusstlos umgekippt. Jeder Mann hätte sich schon nach fünf Minuten auswechseln lassen.«

Wenn Frauen möglicherweise das härtere Geschlecht sind, was hält sie dann davon ab, unter massivem Druck dagegenzuhalten? Was hält Sie davon ab? Wahrscheinlich die alte Angst vor dem Beziehungsabbruch:

❑   »Was soll der denn von mir denken, wenn ich rabiat werde?«
❑   »Vielleicht wollen die nichts mehr mit mir zu tun haben, wenn ich auf stur stelle?«
❑   »Was ist, wenn er/sie sauer auf mich wird?«

**Unter Druck?
Auf stur stellen!**

Und wenn schon? Wäre das wirklich so schlimm? Schlimmer als dem Druck nachzugeben? Das hängt von Ihnen ab. Viele Frauen geben nach, wenn man sie unter Druck setzt – und können klaglos damit leben. Sie geben nach, zeigen sich flexibel und suchen sich an anderer Stelle einen Ersatz.

Etliche andere Frauen geben dem Druck nach – und werfen sich das dann wochenlang vor. Sie leiden darunter. Sie vermissen die verloren gegangene Möglichkeit. Für sie ist Nachgeben keine empfehlenswerte Option. Wie geht es Ihnen damit? Geben Sie unter Druck gerne und nebenwirkungsfrei nach? Oder leiden Sie unter dem Nachgeben möglicherweise genauso stark oder gar stärker als unter dem Druck? Dann sollten Sie nicht nachgeben, sondern lieber auf stur stellen, standhaft bleiben, beharrlich sein, dem Druck standhalten, Ihren Wünschen treu bleiben. Das ist gewiss nicht leicht. Aber es ist leichter, als nachzugeben und danach darunter zu leiden.

Coaching, Mentoring, Networking

Etliche Frauen kommen zu mir ins Coaching, wenn eine Verhandlungssituation total verfahren ist. Auf der einen Seite ist das gut. Denn viele Frauen wissen noch nicht einmal, dass es Coaching gibt und dass eine professionelle Problemlöserin bei vielen Problemen helfen kann. Auf der anderen Seite: Warum warten, bis die Situation verfahren ist?

Vor allem weibliche Führungskräfte lassen sich inzwischen schon vor dem eigentlichen Ereignis coachen, also vor einer wichtigen oder schwierigen Verhandlungssituation. Zusammen mit dem (weiblichen) Coach gehen sie dabei die Sachlage durch, diskutieren Argumentationsketten und bereiten die Einwandbehandlung vor. Mit einer professionellen Vorbereitung fällt es leichter, sich auch in schwierigen Situationen durchzusetzen.

Jede Frau in der Berufswelt sollte eine Mentorin haben. Eine erfahrene, hierarchisch höher stehende Frau im selben oder in einem anderen Unternehmen, die ihr mit Rat und Tat zur Seite steht. Wer eine Mentorin hat, braucht einen Coach nur in besonders schwierigen oder zeitintensiven Fällen.

Coach oder Mentorin – am besten beides

 Tipp Eine Mentorin kommt nicht von allein. Sie müssen sich schon darum bemühen.

Auf der anderen Seite: Wenn Sie bereits zu den erfahreneren Frauen zählen, nehmen Sie doch bitte (mindestens) eine junge Frau unter Ihre schützenden Fittiche. Das sind wir uns schuldig. Ich bin immer wieder enttäuscht, wie schwach der Mentoringgedanke in unserer Gesellschaft ausgeprägt ist. Es wird ständig darüber geklagt, wie schwer es Frauen in der Männerwelt haben. Und da schaffen wir es noch nicht einmal, uns gegenseitig beizustehen? Das macht uns nicht besser als die Männer. Übrigens: Für ein Mentoring brauchen Sie kein offizielles Mentoringprogramm Ihrer Personalentwicklung – auch wenn Sie das gerne anregen dürfen. Doch eine gute

Mentorin braucht keine offizielle Erlaubnis. Sie sucht sich auf eigene Faust eine geeignete Kandidatin und fördert sie.

Solange wir Frauen uns in Wirtschaft und Gesellschaft nicht per Mentoring unterstützen, sollten Sie sich auf jeden Fall (mindestens) einem guten Netzwerk anschließen. Gerade unter Frauen sind diese Netzwerke inzwischen vor allem in den Ballungsgebieten sehr gut und reichlich ausgestattet.

Es ist sehr bedauerlich, dass Frauen in Durchsetzungssituationen noch so oft und so sehr im eigenen Saft schmoren. Sie kommen häufig nicht einmal auf die Idee, dass andere ihnen bei der Bewältigung ihrer Aufgaben helfen könnten. So macht frau sich das Leben unnötig schwer.

Neulich sagte mir eine Betriebsrätin: »Wir sind hier auf dem flachen Land. Gute Coaches gibt es nicht. Mentorinnen haben wir nicht, weil wir keine geeigneten Frauen im Management haben. Und mit Netzwerken weiß die Näherin an der Maschine auch nichts anzufangen.« – »Aber wenigsten hat sie Sie!«, entgegnete ich ihr.

Eine Betriebsrätin ist besser als gar keine Unterstützung in Durchsetzungssituationen. Eine gute Freundin tut's manchmal auch – falls Sie die Freundin richtig einsetzen; nämlich nicht für K&K (Klatschen & Klagen) à la: »Huch, was war der Chef wieder so gemein zu mir!« Sondern zur konstruktiven Situationsbewältigung und Durchsetzungsstärkung:

❑ Fragen Sie die beste Freundin nach ihrer Sichtweise der Dinge: »Wie siehst du das?« Vier Augen sehen mehr als zwei. Sie eliminieren damit Ihren blinden Fleck.

❑ Fragen Sie sie pauschal um Rat: »Wie würdest du das angehen?«

❑ Fragen Sie spezifisch nach: »Wie könnte ich meinen Wunsch besser durchsetzen?«

❑ Auch wenn es oft sehr schwerfällt, stellen Sie auf jeden Fall die tiefschürfende Frage: »Wie siehst du das? Stehe ich mir mal wieder selber im Weg? Stelle ich mich dumm an? Sag ehrlich –

ich bin dir auch nicht böse!« Und dann seien Sie es auch nicht! Zugegeben, eine schwierige Übung. Aber wie wollen Sie sonst etwas über Ihre Schwächen lernen, wenn nicht von der besten Freundin?

❑ Den eigenen männlichen Partner zu fragen empfiehlt sich wirklich nur bei Exemplaren, die Ihnen helfen können – und die nicht immer alles besser wissen!

 Die Stützen unserer Durchsetzungsstärke in Gestalt von guten Freundinnen, Mentorinnen oder Coaches sind oft nur eine Armlänge von uns entfernt. Wir wissen sie leider nur viel zu selten richtig anzusprechen und einzusetzen.

Nachwort von der durchsetzungsstarken Frau

»Ich möchte einen Coachingtermin mit Ihnen vereinbaren«, sagte die Anruferin am Telefon. »Ich möchte, dass Sie mich optimal vorbereiten, damit ich meinen Wunsch nach einer Gehaltserhöhung durchsetzen kann. Und wenn der Chef nicht mehr Geld gibt, dann möchte ich zumindest ein paar Coachings auf Firmenrechnung herausschlagen.« Ich war von der Klarheit der Wünsche der Anruferin beeindruckt, von ihrer klugen Vorbereitung und ihrer Flexibilität, mit zwei Verhandlungsoptionen in das anstehende Gehaltsgespräch zu gehen, und fragte mich nicht zum ersten Mal: Was zeichnet durchsetzungsstarke Frauen aus?

Seit ich denken kann, beobachte ich durchsetzungsstarke Frauen. Seit vielen Jahren coache und trainiere ich sie. Was mir in all diesen Jahren immer klarer wurde: Es liegt an zwei Dingen. Durchsetzungsstarke Frauen sind auf der technischen Seite stark und flexibel: Sie können sich gut artikulieren, können ihre Gedanken auf mehrere verschiedene Weisen formulieren – je nach Situation, Anlass und Gegenüber. Und sie haben viele von den sprachlichen Strategien und Tricks drauf, die Sie auf den zurückliegenden Seiten kennengelernt haben.

Auf der anderen Seite beeindrucken mich jedes Mal ihre überragende und ganz charakteristische innere Einstellung und emotionale Stärke. Durchsetzungsstarke Frauen pflegen sozusagen ein Ethos der Durchsetzung, das sich in Bekenntnissen äußert wie: »Die besten Dinge im Leben kommen nicht von alleine!« »Ich warte nicht, bis es mir in den Schoß fällt!« »Ich akzeptiere keine Almosen« »Alles ist irgendwie verhandelbar« »Ein Nein akzeptiere ich nicht als Antwort!« »Selbst ist die Frau!«.

Diese Einstellungen sind das Gegenteil vom Cinderella-Komplex: »Komm, rette mich!« Oder wie die Amerikaner sagen: »Hold me! Feed me! Love me!« Unter diesem Komplex leiden insgeheim die meisten durchsetzungsschwachen Frauen. Er erscheint zwar schwieriger zu »knacken« als das Erlernen geeigneter Techniken. Doch ich bin immer wieder erstaunt, wie schnell sich Frauen von diesem Komplex emanzipieren, von der erlernten Hilflosigkeit befreien und Dinge sagen wie: »Ich habe lange genug gewartet, dass andere meine Wünsche erfüllen. Jetzt nehme ich das selber in die Hand!«

Das ist nicht nur die einzig richtige Einstellung. Das macht auch schon nach erstaunlich kurzer Zeit richtig Spaß. Sich durchsetzen macht Spaß? Richtig gelesen. Durchsetzungsschwache Frauen sehen Hindernisse auf dem Weg zu ihren Zielen häufig als lästige Blockaden an, die sie am liebsten ignorieren, umfahren oder loswerden wollen. Durchsetzungsstarke Frauen dagegen widmen sich der Überwindung dieser Hindernisse mit demselben Eifer und derselben Hingabe wie ihrem eigentlichen Ziel! Wenn ich sie frage, wie sie das machen, antworten sie meist: »Widerstände und Rückschläge gehören dazu. Seit ich das akzeptiert habe, kann ich sogar Spaß dabei haben, mich damit herumzuschlagen!«

Widerstände, Probleme, Rückschläge, Stress und Druck gehören nun einmal zum Leben. Wir können uns davor verstecken, davonlaufen oder die Probleme auf andere schieben. Das haut auch manchmal hin. Auf die Dauer macht es jedoch abhängig, unglücklich, schwach, erfolglos, griesgrämig und frustriert. Seltsamerweise macht es auch unattraktiv. Schauen Sie sich durchsetzungsstarke Frauen an: Irgendwie leuchten die Augen strahlender, ihr Blick ist klarer, ihr Lächeln wärmender, die Haut besser und die Haltung stolzer. Ihre Fältchen sind Lachfältchen. Durchsetzungsschwache Frauen haben Gramfalten, hängende Mundwinkel und oft eine gebeugte, verschlossene, wenig attraktive Körperhaltung.

Durchsetzungsstärke ist weniger eine Fähigkeit als eine geistige Grundhaltung, die sagt: »Ich mache mich stark für meine Wünsche! Ich kümmere mich um meine Angelegenheiten! Weil ich es mir wert

bin!« Mit dieser Grundhaltung können Sie nichts mehr falsch machen. Wie schon Goethe sagte: »Ein guter Mensch in seinem dunklen Drang ist sich des rechten Weges wohl bewusst.« Wenn Sie diesen Drang, das Gefühl für Ihre ureigensten Wünsche, Träume und Vorhaben, nur stark genug in sich spüren und wachhalten, werden Sie sich auf lange Sicht immer auf die eine oder andere Weise durchsetzen. Dabei wünsche ich Ihnen viel Erfolg, Kraft, Freude und Durchsetzungsstärke. Wenn ich Sie dabei unterstützen kann, tue ich das natürlich gerne. So erreichen Sie mich:

metatalk Kommunikation + Training
Dr. Cornelia Topf
Weichselweg 1
86169 Augsburg
Telefon: 08 21-70 48 82
E-Mail: info@metatalk-training.de
Homepage: www.metatalk-training.de

Stichwortverzeichnis

Über die Autorin

Dr. Cornelia Topf ist ausgewiesene Expertin für Erfolgskommunikation.

Der Erfolg ihrer Seminare, Coachings und Vorträge auf internationaler Bühne und ihrer mittlerweile ein Dutzend Ratgeber und Bestseller spricht für sich und ihren praxisnahen, pointierten und mitreißenden Stil. Sie ist seit über 20 Jahren Executive Coach, Trainerin, Vortragsrednerin und Leiterin von metatalk, dem renommierten Augsburger Institut für Erfolgskommunikation. Sie ist international aktiv, insbesondere mit den Themen souveräne Körpersprache, überzeugende Rhetorik, begeisterndes Auftreten, professionelle Verhandlungsführung, gewinnende Wirkung, souveränes Verhalten in allen Situationen, nachhaltige Selbstsicherheit und Frau und Karriere.

Reden Sie Klartext
- und die Welt liegt Ihnen zu Füßen

Für Männer ist Sprache ein Macht-instrument. Frauen dagegen reden sich oft klein: Sie sagen Ja, obwohl sie Nein meinen, verwenden sprach-liche Weichmacher, Relativierun-gen und vorauseilende Entschuldi-gungen. Das heißt keinesfalls, dass Frauen die männliche Rhetorik kopieren müssen, um beruflich vor-anzukommen.

Sie verfügen bereits über alle rhe-torischen Mittel, die für ihren beruf-lichen Erfolg nötig sind – sie müssen dieses Potenzial lediglich entdecken, aktivieren und pflegen. Cornelia Topf zeigt, wie das ganz einfach geht: Wenn man sagt, was man meint, be-kommt man auch, was man will!

240 Seiten
Broschur
€ 19,90 (D) | € 20,50 (A) | sFr. 35,90
ISBN 978-3-86881-020-2

Wer gut verhandelt, erreicht mehr!

Verhandlungen bestimmen einen wesentlichen Teil des beruflichen Erfolgs. Sie »richtig« zu führen ist eine Kunst: Feingefühl, Menschenkenntnis und das Wissen um Verhandlungstaktik und -strategie sind erforderlich.

Cornelia Topf hilft, Verhandlungssituationen zu bestehen – und das erfolgreich! Sie zeigt, wie man sich optimal vorbereitet, Stress abbaut, sein Gegenüber richtig einschätzt, eine angenehme Gesprächsatmosphäre schafft und festgefahrene Situationen auflockert. Mit diesen Techniken gelangen die Leserinnen souverän zum Ziel!

216 Seiten
Broschur
€ 19,90 (D) | € 20,50 (A) | sFr. 35,90
ISBN 978-3-86881-019-6

www.redline-verlag.de

REDLINE | VERLAG